# ZEITSCHRIFT FÜR ANGEWANDTE GEOLOGIE

HERAUSGEGEBEN VON

DER STAATLICHEN GEOLOGISCHEN KOMMISSION

UND DER ZENTRALEN VORRATSKOMMISSION

DER DEUTSCHEN DEMOKRATISCHEN REPUBLIK

**AUS DEM INHALT**



**BAND 6 / HEFT 10**
**OKTOBER 1960**
**SEITE 473–528**

AKADEMIE-VERLAG · BERLIN

Die Zeitschrift für angewandte Geologie berichtet ständig ausführlich über folgende Arbeitsgebiete: Geologische Grundlagenforschung und Lagerstättenforschung / Methodik der geologischen Erkundung / Ökonomie und Planung der geologischen Erkundung / Technik der geologischen Erkundung / Geologie und Lagerstättenkunde im Ausland / Bibliographie, Verordnungen, Richtlinien, Konferenzen, Personalnachrichten





Die Zeitschrift für angewandte Geologie ist kein Organ einer engen Fachgruppe. Auf ihren Seiten können alle strittigen Fragen der praktischen Geologie behandelt werden. Die Autoren übernehmen für ihre Aufsätze die übliche Verantwortung.

ZEITSCHRIFT FÜR ANGEWANDTE GEOLOGIE

CHEFREDAKTEUR: PROF. DR. E. LANGE

BAND 6 · OKTOBER 1960 · HEFT 10

# Die Aufgaben der Geologie bei der sozialistischen Umgestaltung der Landwirtschaft

Am 7. Oktober jährt sich zum 11. Mal der Tag, an dem unsere Deutsche Demokratische Republik gegründet wurde. Seitdem sind viele und große Erfolge zu verzeichnen.

Die jetzt vollzogene sozialistische Umgestaltung unserer Landwirtschaft hat die ökonomischen und politischen Grundlagen unserer Gesellschaftsordnung weiter gefestigt. Der freiwillige Übergang unserer werktätigen Bauern zur genossenschaftlichen Großproduktion ermöglicht den rationellen Einsatz der modernen Agrotechnik und sichert die schnelle Verbreitung des wissenschaftlichen Fortschritts auf allen Gebieten der pflanzlichen und tierischen Produktion.

Die Konzentration der Produktion, die in Westdeutschland zur Vernichtung zehntausender bäuerlicher Existenzen führt, wirkt gegenteilig in unserem sozialistischen Staat. Hier wird das vollgenossenschaftliche Dorf zum Fundament eines gesicherten bäuerlichen Wohlstandes, aus dem sich auf dem Lande eine höhere Form geistigen und kulturellen Lebens entwickelt.

Das Potential unserer Produktivkräfte ist damit weiter gewachsen, und es sind alle Voraussetzungen gegeben, um die noch bestehenden Disproportionen zwischen unserer hochentwickelten Industrie und der relativ zurückgebliebenen Landwirtschaft zu beseitigen. Das wird uns um so eher gelingen, je besser wir es jetzt verstehen, alle Zweige unserer Volkswirtschaft auf diesen neuen Schwerpunkt unserer Entwicklung auszurichten.

Das 8. Plenum des ZK der SED und der Ministerrat der Deutschen Demokratischen Republik haben deshalb umfangreiche Maßnahmen eingeleitet, um unsere Kräfte und materiellen Möglichkeiten auf einen wirkungsvollen Einsatz beim Aufbau und bei der Festigung der sozialistischen Landwirtschaft zu orientieren.

Dabei ist auch die Geologie aufgerufen, weil sie in ihrem vielgestaltigen Arbeitsbereich wesentliche Funktionen im Gesamtrahmen des Entwicklungsplanes für unsere Landwirtschaft zu übernehmen hat. Die Staatliche Geologische Kommission hat sofort in Abstimmung mit anderen zentralen Institutionen die Direktiven für einen umfassenden und wirkungsvollen Einsatz aller verfügbaren Kader der einschlägigen Arbeitsgebiete gegeben und erwartet von diesen ein hohes Maß an Eigeninitiative und Selbstverantwortung bei der Durchführung der ihnen übertragenen Aufgaben. Während die Erkundung und Bereitstellung mineralischer Vorräte, die über die industrielle Verarbeitung oder, wie die Kalisalze, unmittelbar auf die landwirtschaftliche Produktion einwirken, mehr perspektivische Bedeutung haben, müssen die Arbeitsgebiete Ingenieur-, Hydro- und Bodengeologie wie auch Steine und Erden sofort konkrete Funktionen bei der Vorbereitung und Durchführung der jetzt eingeleiteten Maßnahmen zur weiteren Entwicklung und Festigung der Produktionsgenossenschaften übernehmen. Die organisatorische Voraussetzung dafür ist die weitere Verstärkung der Arbeitsstellen bei den Räten der Bezirke durch die Geologischen Dienste, die in erster Linie die unmittelbaren operativen Arbeiten durchzuführen haben.

Dem ländlichen Bauwesen werden umfangreiche Mittel zugeführt. Ihr zweckvoller und sparsamer Einsatz ist aber nur gewährleistet, wenn die Sachkenntnis und Erfahrung des Ingenieur- und Hydrogeologen bei der Planung und Durchführung der Investvorhaben komplex zur Wirkung kommen und die vielfältigen Möglichkeiten, Baustoffe aus örtlichen Reserven zu mobilisieren, sorgfältig geprüft werden.

Neben den örtlichen Arbeiten zur Grundwassererschließung, die dort besonders dringlich werden, wo infolge ungünstiger geologischer Verhältnisse eine konzentrierte Entnahme für das in den Großanlagen zusammengeführte Vieh schwierig ist, gewinnen die hydrogeologischen Kartierungsarbeiten für die großräumige Wasserversorgung in den landwirtschaftlichen Gebieten neue Bedeutung.

Ein unmittelbarer Beitrag zur Steigerung der landwirtschaftlichen Marktproduktion sind die Arbeiten der Bodengeologie bei der bergbaulichen Rekultivierung. Durch langjährigen Vorlauf in der Vorfelderkundung muß sie die maximale Rückgewinnung landwirtschaftlich und obstbaulich nutzbarer Kippenflächen in den von den Tagebauen zerstörten Gebieten und damit auch den Wiederaufbau einer Kulturlandschaft sicherstellen.

Es wäre noch eine Vielzahl von Aufgaben zu nennen, in denen wir unsere Kenntnisse auf allen Gebieten geologischen Wissens einsetzen können. Wir erfüllen sie alle in dem stolzen Bewußtsein, an verantwortlicher Stelle an unserem großen sozialistischen Aufbauwerk mitzuarbeiten.

# Zur Zusammenstellung metallogenetischer Karten magmatischer Lagerstätten des Urals[1]

N. W. KUKLIN, Moskau

## Die Gesetzmäßigkeit der räumlichen Verteilung von Lagerstätten

Mit bestimmten Komplexen von Intrusivgesteinen sind ganz bestimmte Erzlagerstättenkomplexe verbunden (SMIRNOW 1947). Bei einer konkreteren Fassung dieser Feststellung kann man folgendes behaupten:

a) Lagerstätten und Vorkommen der erzbildenden Minerale Zirkon, Monazit, Xenotim, Kolumbit, Tantalit, Lepidolith, Beryll, Phenakit, Kassiterit, Wolframit, Scheelit, Molybdänit, Bismutin, Gold, Arsenkies, Argentit, Antimonit und Zinnober treten im Ural lokalisiert, vorwiegend an Exokontakten — seltener an Endokontakten im Hangenden variscischer, granitischer Instrusionen (oder ihrer Satelliten) auf. Dabei ist zu bemerken, daß Lagerstätten und Mineralvorkommen von Scheelit und Arsenkies deutlich mit Granitoiden erhöhter Basizität einer frühen Intrusionsphase (Granodiorite, Adamellite, Plagiogranite) assoziieren, Wolframit dagegen mit leukokraten Graniten einer späteren Intrusionsphase. Die Zugehörigkeit des Antimonits und Zinnobers zu den Granitoiden wird durch das Vorhandensein dieser Minerale in Gold-Quarzlagerstätten und Wolfram-Quarzlagerstätten bewiesen (Kaïndinskoje, Kotschkar, Ajatsk, Trawjansk u. a.), deren genetische Zugehörigkeit zu den Graniten wohl kaum angezweifelt wird. Magnetit, Hämatit, Pyrrhotin, Pyrit, Kupferkies, Sphalerit u. a. haben in diesen Lagerstätten nur mineralogische Bedeutung.

b) Lagerstätten und Mineralvorkommen von Zirkon, Blomstrandin, Bastnäsit und Pyrochlor treten nur in Massiven normaler Syenite, alkalischer Syenite und in Nephelinsyeniten auf, die mit den Granitintrusionen von Ilmenogor assoziieren.

c) Lagerstätten von Ilmenit, Magnetit, Pyrrhotin, Pyrit, Kupferkies, Sphalerit, Bleiglanz und Baryt befinden sich in den Endo- und Exokontaktzonen von Gabbroidintrusionen und den mit ihnen vorkommenden sauren Differentiaten (Plagiogranite, Syenite u. a.). Diese Lagerstätten befinden sich ebenfalls meist im Hangenden der genannten Intrusivkomplexe. Ihre Zugehörigkeit zu den Gabbroiden wird dadurch bewiesen, daß Titanomagnetitlagerstätten, Skarnlagerstätten von Magnetit und Kupfer, Kieslagerstätten und Kupfer-Zinklagerstätten in ihrer Gesamtheit eine einheitliche strukturell-metallogenetische Zone des kaledonischen tektono-magmatischen Zyklus bilden. Als Beispiel dafür mag das Tagil-Kuschwin-Erzrevier gelten.

Die Schlußfolgerung, daß diese Lagerstätten auf das gleiche Stammagma zurückgehen, kann man zweifellos auch daraus ziehen, daß Magnetit durch Ilmenit, Eisen- und Kupfersulfide verdrängt wird und diese wiederum durch die Sulfide von Zink, Blei und Baryt. Zirkonium, seltene Erden, Niobium, Tantal, Lithium, Beryllium und Wolfram fehlen in Lagerstätten dieser Art. Zinn, Molybdän, Wismut, Gold, Arsen, Antimon und Quecksilber kommen nur sehr selten als isomorphe Beimengungen anderer Sulfide vor.

d) Lagerstätten und Vorkommen von Chromit, Platin und verschiedenen Nickel- und Kobaltsulfiden sind hauptsächlich in Endokontaktzonen ultrabasischer Intrusionen lokalisiert. Eisen, Kupfer und Zink spielen in Lagerstätten dieses Typs eine wesentlich geringere Rolle. Die seltenen Metalle, die mit den Graniten verbunden sind, fehlen hier in der Regel.

Die praktische Bedeutung der obenerwähnten Gesetzmäßigkeit besteht also darin, daß sich Lagerstätten seltener Metalle und von Gold in Gebieten mit normalen Graniten bilden; Titan-, Eisen- Kupfer- und Zinklagerstätten in Gebieten mit gabbroiden Intrusiva; Chrom-, Nickel-, Platin- und Kobaltlagerstätten in Gebieten mit ultrabasischem Gestein.

Die oben genannten Beziehungen kann man sehr anschaulich mit speziellen geologischen Karten illustrieren, auf denen ein bestimmter Intrusivkomplex mit den zugehörigen Lagerstätten und Erzvorkommen verschiedener Metalle gezeigt wird. Nur solche Karten kann man metallogenetische Karten nennen. Es wäre aber zweckmäßig, bestimmten Erzlagerstättenkomplexen, die genetisch an bestimmte Intrusivkomplexe gebunden sind, die Bezeichnung genetischer Erzfamilien zu geben: 1. Granitoidfamilie, 2. Gabbroidfamilie, 3. Ultrabasitfamilie. Auf diese Art und Weise können metallogenetische Karten einzeln für jeden Intrusivkomplex zusammengestellt werden.

Lagerstätten und Vorkommen sowohl der Granitoid- als auch der Gabbroidfamilie sind außer in den kontaktnahen Zonen großer, stark erodierter Intrusivkörper auch vielfach in Gebieten kleiner Kuppen verbreitet, die durch die Erosion kaum angeschnitten sind, und auch da, wo die Intrusivgesteine fehlen. Dementsprechend unterscheidet man Lagerstätten, die unter verschiedenen geologischen Verhältnissen vorkommen: 1. Lagerstätten über der Intrusivzone, 2. intrusionsnahe Lagerstätten, 3. Lagerstätten der Intrusivzone (die Teilung in Zonen entspricht im großen und ganzen den Vorstellungen von EMMONS 1933, NIGGLI 1941 und ABDULAJEW 1954 und anderen).

Aus dieser Gesetzmäßigkeit folgt, daß Gebiete mit fehlenden Intrusivkörpern in bezug auf eine mögliche Entdeckung wirtschaftlich nutzbarer Lagerstätten nicht als perspektivlos betrachtet werden können, besonders wenn auf diesen Flächen saure oder basische Effusiva, Erzvorkommen des einen oder anderen Komplexes, Seifen- und metallometrische Aureolen, geophysikalische und radiometrische Anomalien bekannt sind. Dies alles sollte auf metallogenetischen Karten Ausdruck finden.

Große, wirtschaftlich wertvolle Lagerstätten von Schwarzmetallen, Buntmetallen oder seltenen Metallen heben sich aus der allgemeinen regionalen Verbreitung einer großen Menge unbedeutender und kleiner Erzvorkommen derselben Metalle ab (S. S. SMIRNOW). Dabei kann man eine deutliche horizontale Zonarität erkennen: In der Nähe der Mutterintrusion sind frühe und Hochtemperaturerzbildungen lokalisiert, weiter von ihr entfernt spätere, tiefthermale (DERBIKOW 1937, KOROLJOW 1949, WOLFSON & NEWSKI 1949).

[1]) Aus: Material über Geologie und Bodenschätze des Urals. — Ausg. 6, 1958, S. 143—157; Übers.: PLANERT

Eine ähnliche Zonarität beobachtet man manchmal entlang der kontaktnahen Zone von Intrusivkörpern — von deren zentralen Teilen zu den Außenteilen. Als Beispiel dafür dienen die östlichen Kontaktzonen der Mursinsker und Südkonewsker Intrusionen.

Diese Gesetzmäßigkeit ist sehr wichtig, und man muß sie unbedingt mit in Betracht ziehen, um so mehr, als bekannt ist, daß sich große wirtschaftliche Lagerstätten nur in Gebieten (Provinzen) mit dieser oder jener ausgeprägten Metallführung bilden. Daher sollte man in die metallogenetischen Karten nach Möglichkeit alle Lagerstätten und Vorkommen der wichtigsten Metalle eines gegebenen Intrusivkomplexes so eintragen, daß sich die Metallogenie der einzelnen Intrusivkomplexe und elementaren strukturell-metallogenetischen Zonen deutlich im Kartenbild abzeichnet.

Auf verschiedenen Erzfeldern, die mit Granitintrusionen in Verbindung stehen, beobachtet man nicht selten Quarz-, Quarzfeldspat- und Pegmatitadern mit ein und derselben Vererzung seltener Metalle. Dabei sind sie alle verschiedenaltrig, erwecken aber sowohl in der Streich- als auch in der Fallrichtung den Eindruck gegenseitiger Übergänge der Quarzadern in Quarzfeldspat- und Pegmatitadern. Lagerstätten seltener Metalle vom Skarntyp werden auf den Karten gebietsmäßig nicht gesondert ausgewiesen, denn sie sind keine Bildungen besonderen Typus, sondern eng mit den hydrothermalen und Pegmatitlagerstätten derselben seltenen Metalle verbunden. Skarnlagerstätten liegen nicht selten in der Nähe der letzteren (0,3—0,5 km) und werden sehr oft von hydrothermalen und Pegmatitgängen geschnitten.

In Vererzungszonen, die mit Gabbroidintrusionen verbunden sind, sind mitunter gleichzeitig Lagerstätten und Vorkommen verschiedener genetischer Typen und verschiedener Metalle zu finden. Zum Beispiel sind im Tagil-Kuschwinsker Gebiet magmatische Titanomagnetit- und Kupfermagnetitlagerstätten; Magnetit-, Kupfermagnetit-, Kupfer- und Manganlagerstätten vom Skarntyp bekannt. Im Perwo-Uraler Gebiet kennt man magmatische Titanomagnetitlagerstätten, Kupferlagerstätten vom Skarntyp und hydrothermale Magnetit-, Pyrrhotin- und Kupferkieslagerstätten.

Einige Lagerstätten nehmen in diesen Erzrevieren nach dem Charakter der sie bildenden Mineralkomplexe eine Mittelstellung zwischen hydrothermalen und Skarnlagerstätten ein (Kupfermagnetitlagerstätte von Nowonikolajewsk, Kupferlagerstätte Juchowsk u. a.). Neben den typischen hydrothermalen Mineralen enthalten sie typische kalziumhaltige Skarnminerale (Granate, Pyroxene, Hornblenden, Epidot, Apatit u. a.).

Aus dieser Gesetzmäßigkeit kann man eine sehr wichtige praktische Schlußfolgerung ziehen: Im Bereich ein und derselben strukturell-metallogenetischen Zone, die an diesen oder jenen Intrusivkomplex gebunden ist, kann das Vorhandensein sogenannter hydrothermaler Lagerstätten als günstiges Merkmal für die mögliche Entdeckung einer Skarnlagerstätte des gleichen Metalls (oder anderer, die paragenetisch eng mit den ersteren verbunden sind) dienen, und umgekehrt gibt das Vorhandensein von Skarnlagerstätten Grund zum Suchen nach hydrothermalen Lagerstätten der gleichen genetischen Familie. Diese Tatsache verpflichtet, auf den metallogenetischen Karten nicht nur verschiedene Lagerstättentypen und Erzvorkommen einzutragen, sondern auch die Flächen der Verbreitung von Karbonatgesteinen im Einflußbereich der Intrusionen. Wie bekannt ist, sind 50% der Skarnlagerstätten verschiedener Metalle an Kontakte von Karbonatgesteinen mit sauren und sogar basischen Instrusionen gebunden.

Erzlagerstätten verschiedener Metalle und Typen einer genetischen Familie treten in einem Erzfeld innerhalb ein und derselben Erzstruktur entweder in bestimmten, abgegrenzten Gebieten auf oder sich oft überschneidend und sogar eine auf der anderen auflagernd (GINSBURG & GORJEWSKI 1957). Deshalb sind sie oft komplex und tragen die Merkmale von Lagerstätten verschiedener genetischer Typen (z. B. einer Skarn- und einer hydrothermalen Lagerstätte).

Aus dem Gesagten folgt, daß man sich auf metallogenetischen Karten nicht nur auf das Einzeichnen von Lagerstätten und Erzvorkommen verschiedener genetischer Typen der Hauptmetalle beschränken darf, sondern daß es notwendig ist, in jedem Typ das Vorhandensein auch anderer wichtiger Begleitmetalle darzustellen. Dadurch wird die Ähnlichkeit der Bestandteile und die gemeinsame Herkunft verschiedener Typen aus einer Bildungsquelle aufgezeigt.

Die ergiebigsten genetischen Typen für seltene Metalle und Gold sind folgende: 1. Erzkörper von großer Ausdehnung und dementsprechend mit einer großen Tiefenverbreitung; 2. Systeme von Erzkörpern geringerer Erstreckung, die sich einander bis auf einige 10 m nähern können (gestaffelte Gangsysteme); 3. Zonen und Komplexe intensiver Druckbeanspruchung, in denen die Vererzung den Charakter eines Stockwerks trägt; 4. kurze, aber mächtige Erzkörper (Stöcke); 5. Skarnfelder mit Pegmatit- oder Quarzadern und -äderchen.

Große regionale Brüche sind oft nicht selbst vererzt, aber die von ihnen ausgehenden kleinen Systeme von Spalten, besonders die, die im abgesunkenen Flügel solcher Verwerfungen gelegen sind, haben oft industriell verwertbare Anhäufungen von Erz (POJARKOW & KOROLJOW 1953; WOLFSON 1955). Deshalb haben solche Verwerfungen nur für die sog. entfernten Lagerstätten (Antimon und Quecksilber) die Bedeutung eines Prospektionsmerkmals (ABDULAJEW 1954) Außerdem haben auch viele Erzvorkommen, die an Gangkörper kleineren Ausmaßes gebunden sind und die Hunderte von Metern abgesondert voneinander besonders innerhalb von großen Intrusionen lagern, keine praktische Bedeutung

Diese Gesetzmäßigkeit einer hohen Ergiebigkeit der aufgeführten strukturmorphologischen Typen von Lagerstätten geht mit Deutlichkeit aus der Erkundungspraxis und aus dem Abbau von Lagerstätten hervor und sollte schon in den Anfangsstadien der Erkundung als eines der wichtigsten Kriterien zur Einschätzung der Perspektive der zu untersuchenden Lagerstätte in Abhängigkeit vom Maßstab der Vererzung angesehen werden. Das Eintragen solcher Strukturtypen in metallogenetische Karten kleiner Maßstäbe ist oft aus rein technischen Gründen unmöglich. Aber dessen ungeachtet sollte ihr relativer Wert bei der Einschätzung der Perspektiven von Lagerstätten und Erzvorkommen in Betracht gezogen werden.

## Gesetzmäßigkeit der Bildung von Lagerstätten

Alle industriell verwertbaren magmatischen Lagerstätten, einschließlich der Chromite und Titanomagnetite (MAGAKJAN 1955), zählen im Vergleich zu den sie umgebenden Nebengesteinen zu den epigenetischen Bildungen. Dabei haben sich die Erzminerale (metallogene Komponenten) zweifellos aus den mit Gasen angereicherten beweglicheren Teilen der erzführenden Lösungen abgelagert. Die Nichterze (petrogenen Komponenten) aber haben sich aus einem bedeutend weniger beweglichen gelartigen Teil der gleichen Lösungen abgesetzt oder auskristallisiert (FENNER 1933, SMIRNOW 1937, BETECHTIN 1945, SMIRNOW & BETECHTIN 1947, u. a.).

Die praktische Bedeutung dieser Gesetzmäßigkeit liegt darin, daß sich Konzentrationen metallogener Komponenten nur in sog. „verhältnismäßig geschlossenen Strukturen", z. B. in Brachyantiklinalen, in der Nähe apikaler Teile von Intrusionsmassiven in Schwächezonen und Verwerfungen unter abschirmenden Gesteinsschichten des Deckgebirges, in den Exokontaktzonen von Instrusionen, in verborgenen Erzkörpern, an Salbändern von Gangspalten, in den oberen Teilen von hydrothermalen und pegmatitischen Gängen und innerhalb von Intrusionsmassiven, die in sich Relikte von Gesteinen des Deckgebirges enthalten, bilden. Umgekehrt fehlen in „verhältnismäßig offenen Strukturen" wertvolle Erzkonzentrationen, z. B. in regionalen Brüchen, in Kluftstrukturen zentraler Teile großer Intrusionsmassive, die keine Relikte des Deckgebirges in sich bergen.

Die genannte Gesetzmäßigkeit ist die wichtigste im Erzbildungsprozeß, da sie in erzführenden Strukturen eine lokale Anreicherung hervorruft. Das kann man sich leicht vorstellen, wenn man bedenkt, daß jede Teilmenge der gasartig-flüssigen erzführenden Lösungen unter den Naturbedingungen eine ihr eigene Filtration durchmacht, bei der die Kluftstrukturen für die metallhaltige Gasphase durchlässig, für die flüssige Phase mit den petrogenen Komponenten jedoch undurchlässig sind. Darin liegt der Grund für die beobachtete Verarmung (Auskeilen) der Vererzung nach der Tiefe auf Lagerstätten aller Typen und Metalle und für das Fehlen unmittelbarer Übergänge in vertikaler Richtung von einer metallführenden Zone zur anderen, auf deren Existenz W. EMMONS seinerzeit hingewiesen hat.

Aus dieser Gesetzmäßigkeit kann man noch eine wichtige Schlußfolgerung ziehen, nämlich daß Effusiva, deren Gasphase sich ungehindert verstreuen kann, selbst keine Erzlagerstätten gebildet haben. Ebensowenig konnten sich wirtschaftliche Lagerstätten an sog. „kleinen Intrusionen" bilden.

Im Hinblick auf diese Gesetzmäßigkeit sollten auf metallogenetischen Karten Brachyantiklinalen, kleine tektonische Brüche, Schwächezonen und Überbleibsel des Deckgebirges innerhalb der Intrusivmassive aufgetragen werden, in Anbetracht dessen, daß alle übrigen Strukturen (apikale Teile von Intrusionen, ihre erzgenetisch aktiven Kontakte, d. h. die Hangendseiten der Intrusionen und die abschirmenden Deckschichten) schon aus der geologischen Karte hervorgehen sollten.

Der Prozeß der Erzablagerung bei der Bildung magmatischer, Skarn-, pegmatitischer und hydrothermaler Lagerstätten ist auf zwei Arten vor sich gegangen: a) durch die Ausfüllung von Hohlräumen und Spalten mit Mineralsubstanz und b) durch metasomatische Verdrängung lithologisch dafür geeigneter Gesteine. Es kommt nicht selten vor, daß diese beiden Bildungsarten im Bereich eines Erzfeldes und sogar in einzelnen Erzkörpern (WOLFSON 1955) festgestellt werden.

Aus dieser Gesetzmäßigkeit geht hervor, daß der prinzipielle Unterschied zwischen den genannten Erzlagerstättentypen nur darin besteht, daß im ersten Typ die Bestandteile der Nichterze meist monomineral sind, in den Verdrängungslagerstätten aber polymineral. Auf metallogenetische Karten braucht man diese Typen nicht aufzutragen, aber man sollte die Möglichkeit des Auftretens erzführender metasomatischer Bildungen (NIKITIN 1957) bei der Beurteilung der Perspektiven der entsprechenden Objekte, einschließlich der Pegmatitfelder, immer in Betracht ziehen.

In postmagmatischen Lagerstätten aller genetischen Typen beobachtet man unverändert ein und dieselbe Abfolge der Mineralbildung: An frühe hochtemperierte Mineralkomplexe, die sich in der ersten Erzbildungsetappe abgesetzt haben, schließen sich später niedertemperierte Mineralkomplexe der zweiten Erzbildungsetappe an (SMIRNOW 1945, WOLFSON 1955). Daraus kann man folgern, daß die nacheinander abgesetzten Mineralkomplexe, die diese oder jene Lagerstätte bilden, eine einzige Bildungsquelle haben und der Grund für diese Erscheinung in ihrer stufenweisen Entfernung von den tieferen Teilen des auskristallisierten Intrusivs liegt. Wenn diese Annahme zutrifft, kann man durch Vergleichen der Mineralbestandteile von Lagerstätten in der Nähe der Intrusivkörper mit den weiter von ihnen entfernt liegenden die ganze genetische Familie von Erzbildungen jedes Intrusivkörpers, möglicherweise auf Umwegen, aber doch sehr genau, feststellen.

Diese Gesetzmäßigkeit bedingt und erklärt die Existenz der sog. umgekehrten vertikalen Zonarität (CHRUSCHTSCHOW 1953), wenn hochtemperierte Mineralkomplexe, die in den oberen Horizonten bekannt sind, nach der Tiefe durch tieftemperierte Mineralparagenesen abgelöst werden.

In einigen Fällen dringen im Prozeß der Bildung von Lagerstätten infolge der fortlaufenden Entwicklung von Kluftstrukturen die späteren tieftemperierten Mineralkomplexe, indem sie auf den hochtemperierten Bildungen aufsetzen, wesentlich höher als die letzteren (Erscheinung der Rejuvenation) und bilden eine scheinbare direkte vertikale Zonarität. Beispiele solcher Zonarität sind einige Gold- (Kumakskoja) und Kupferskarnlagerstätten (Turinskije-Bergwerke). Eben deshalb sollten metallogenetische Karten nicht für ein Metall zusammengestellt werden, sondern für alle Metalle jeder Familie.

Die Bildung der Erzfelder einzelner Lagerstätten und sogar einzelner Erzkörper verläuft in mehreren Etappen, die voneinander zeitlich getrennt sind, und trägt im Allgemeinfall allmählich abklingenden Charakter. Sie erfolgt in der Art, daß jede nachfolgende Phase der Mineralbildung im Erzfeld oder Erzkörper in einem bestimmten Niveau auf einer immer kleineren Fläche zutage tritt als die vorhergehende (IWANOW 1948, PETROWSKAJA 1955).

Auf metallogenetischen Karten finden diese Erscheinungen keinen Ausdruck. Sie haben aber eine sehr wesentliche Bedeutung bei eingehenderen Such- und

Erkundungsarbeiten und bei der Einschätzung der Perspektiven von Lagerstätten.

Je mehr Etappen der Mineralbildung (Generationen) diese oder jene Lagerstätte aufweist, je größer also die Anzahl der sie bildenden Minerale ist, um so wertvoller ist die Lagerstätte in wirtschaftlicher Hinsicht (IWANOW 1948, KUTJUCHIN 1948). Dabei sind die frühen Mineralbildungsetappen in Erzlagerstätten in bezug auf die Erzhöffigkeit immer weniger produktiv als die nachfolgenden (IWANOW 1948, KUTJUCHIN 1948, KUKLIN 1947, PETROWSKAJA 1955, für Molybdänlagerstätten CHRUSCHTSCHOW 1953, GRIGORJEW 1948 u. a.). Die obige Tatsache dient als zuverlässiges Einschätzungskriterium für die Perspektivität einer Lagerstätte.

Zur Granitoidfamilie der Erzbildungen gehört folgende bestimmte Reihe wertvoller erzbildender Minerale, beginnend mit den Hochtemperaturmineralen bis zu den Tieftemperaturmineralen: Zirkon, Monazit, Xenotim, Kolumbit, Lepidolit, Beryll, Kassiterit, Wolframit, Scheelit, Molybdänit, Bismutin, Arsenkies, Gold, Argentit, Antimonit und Zinnober. Wenn man etwas verallgemeinert, wird die Behauptung, daß jede einzelne Lagerstätte dieser Familie eine natürliche Anhäufung verschiedener Minerale aus der obengenannten Reihe darstellt, nicht falsch sein (die Zahl der Kombinationen aus „m" zu „n"). Minerale, die in dieser Reihe dicht beieinanderstehen, werden sehr oft in Lagerstätten zusammen zu finden sein. Deshalb erhielten sie die Bezeichnung paragenetischer Assoziationen. Minerale werden in Lagerstätten um so seltener angetroffen, je weiter sie in obiger Reihe voneinander entfernt stehen. Solche Assoziationen erhielten die Bezeichnung „verbotene" (FERSMAN 1940). Diese Gesetzmäßigkeit bestimmt die rationellen Grenzen einer Komplexerkundung sog. Tiefenlagerstätten. Oberflächennahe Lagerstätten mit ausgeprägtem Telescoping sollten auf die gesamte metallogenetische Reihe der Granitoidfamilie untersucht werden. Bisher sind schon genügend Lagerstättenmerkmale dieser Typen für Lagerstätten einer ganzen Reihe von Metallen (Zinn, Arsen, Silber, Kupfer, Zink, Platin, Nickel u. a.) nach der Bildungstiefe bestimmt worden.

Alle erzbildenden Minerale der genannten Familien bilden neben magmatischen Lagerstätten, Pegmatitlagerstätten und hydrothermalen Lagerstätten von wirtschaftlicher Bedeutung auch Skarnlagerstätten. Tatsächlich ist jetzt schon bekannt, daß neben Skarnlagerstätten für Eisen, Kupfer, Zink, Blei, Zinn, Wolfram, Molybdän, Uran und Thorium auch solche für Mangan, Titan, Silber, Antimon, Wismut, Arsen, Gold, Platin, Beryllium, Niobium, Tantal, TR, Lithium, Bor und Fluor auftreten, d. h. fast aller der Elemente, die auch für magmatische (pneumatolytische), pegmatitische und hydrothermale Lagerstätten bekannt sind.

Das beweist nicht nur die Gemeinsamkeit einer Metallquelle aller dieser genetischen Lagerstättentypen, sondern auch ihre einheitliche Bildungsart, nur mit dem Unterschied, daß sich Skarnlagerstätten aus kontaminierten (charakteristischen skarnbildenden erzhaltigen Lösungen), pegmatitische und hydrothermale Lagerstätten aber aus gewöhnlichen (unkontaminierten) erzhaltigen Lösungen gebildet haben. Die praktische Bedeutung dieser Gesetzmäßigkeit liegt, wie schon erwähnt, in der engen räumlichen Assoziation der Skarn- und hydrothermalen Lagerstätten einiger Gebiete.

Die Veränderung der erznahen Zone verläuft, ebenso wie die Erzbildung selbst, in mehreren Etappen (WERTUSCHKOW & AWDONIN 1957), geht immer der Erzablagerung voraus und tritt im Vergleich zu den Ausmaßen der Erzverbreitung auf einer größeren Fläche auf. Ihrem Mineralbestand nach können die erznahen Bildungen zu zwei Typen gehören: 1. zur kontaminierten Reihe (Skarnbildung, Hornfelsbildung, Aktinolithisierung, Chloritisierung, Epidotisierung u. a.) und 2. zur unkontaminierten Reihe (Albitisierung, Greisenbildung, Sericitisierung, Verquarzung). Die Veränderungen der erznahen Zonen tragen manchmal gemischten Charakter, der sich im gleichzeitigen Vorhandensein, z. B. der Skarnbildung und der Sericitisierung äußert. Dabei hat die Sericitisierung immer Auflagerungscharakter. Der Grund für diese Erscheinung liegt in der allmählichen Befreiung der kontaminierten Lösungen von fremden Komponenten und in ihrer nachfolgenden Rückkehr zur „reinen Linie" von einer Vererzungsetappe zur anderen. Deshalb wäre es äußerst wünschenswert, daß der Charakter der Veränderungen in erznahen Zonen auf den metallogenetischen Karten ebenfalls Ausdruck fände.

Große Lagerstätten bildeten sich nur bei Vorhandensein günstiger geologisch-tektonischer Strukturen. Lagerstätten verschiedener genetischer Typen und Metalle sind im allgemeinen die gleichen Strukturtypen eigen. Die letzteren sind sehr verschiedenartig, können aber im Endresultat zu verschiedenen Kombinationen der Grundstrukturen zusammengefaßt werden. Deshalb ist die allgemeine Anzahl der strukturellen Typen von Lagerstätten groß und gleich der Zahl der verschiedenen Kombinationen aus „m" zu „n" (KREITER 1956). Allerdings bedeutet das nicht, daß die mögliche Anzahl der strukturellen Typen von Lagerstätten nicht festzustellen wäre. Die günstigsten strukturellen Typen von industriell wertvollen Lagerstätten sind schon bestimmt worden. Sie muß man bei der perspektivischen Einschätzung dieser oder jener Objekte kennen und sind von uns schon genannt worden.

Die Existenz der genannten Gesetzmäßigkeiten bestätigt am besten die Stichhaltigkeit folgender Äußerungen von SMIRNOW: „... wenn man die Kompliziertheit und Vielfältigkeit der Erzbildung hervorhebt, so muß man mit aller Energie unterstreichen, daß die Mehrzahl der Erzvorkommen höchstwahrscheinlich nach einem einheitlichen Plan gebildet wurde ..." (1945).

Auf der Grundlage aller erwähnten Gesetzmäßigkeiten der räumlichen Verbreitung und der Bildungsbedingungen magmatischer Lagerstätten ist vom Verf. eine metallogenetische Karte von Lagerstätten und Erzvorkommen des Urals im Maßstab 1:500000 zusammengestellt worden. Auf dieser Karte ist die Verbreitung von granitischen Gesteinen, vor allem des variscischen Intrusivkomplexes, einschließlich der alkalischen Gesteine der Ilmener und Wischnjower Berge und teilweise der präkambrischen Granite des mittleren Teiles des Südurals (Gebiet der Stadt Slatoust), dargestellt.

Die Gesamtheit der Granitoidmassive, die einer einheitlichen geologisch-tektonischen Struktur zugeordnet sind, ist in einzelne Granitintrusionen abgegrenzt (nach B. M. ROMANOW 1945). Die Verbreitungsflächen dieser Intrusionen sind im großen und ganzen die Verbreitungsflächen der mit ihnen verbundenen Erzbildungen.

Auf der Karte sind außerdem noch die Stellen der Entwicklung von Skarnen und Flächen von Karbonatgesteinen gezeigt, an denen die letzteren in der Einflußsphäre der Granitintrusionen lagern. Außerdem werden auf der Karte die meso- und känozoischen Deckenbildungen des östlichen Transuralgebietes und die unter ihnen verborgenen Granitoidmassive gezeigt.

Die auf der Karte aufgetragenen Materialien der Erforschung der betrachteten Uralgebiete zeigen anschaulich: 1. den Zusammenhang der Lagerstätten mit Granitoidintrusivkomplexen, 2. die räumliche Verbreitung von Lagerstätten und Vorkommen in kontaktnahen Zonen von Granitintrusionen, 3. die zonare Verteilung der genetischen Typen, 4. den spezifischen Charakter in der Metallhöffigkeit der Gebiete.

Die Kenntnis über die Gesetzmäßigkeit der Verbreitung und der Bildung von Vererzungen seltener Metalle und das Vorhandensein der Unterlagen über die Metallführung der einzelnen Gebiete des Urals erlauben, die für die Sucharbeiten auf seltene Metalle geeigneten Gebiete, die genetisch zu den Granitoidfamilien gehören, auszusuchen.

**Zusammenfassung**

Die vorliegende Arbeit ergänzt die allgemeinen Prinzipien der regionalen metallogenetischen Analyse, die von I. A. BILIBIN und den Geologen des Allunionsinstituts für Geologie ausgearbeitet wurden. Es werden die Gesetzmäßigkeiten der Verbreitung magmatischer Lagerstätten dargelegt und methodische Hinweise für die Zusammenstellung metallogenetischer Karten gegeben.

**Резюме**

Настоящая работа является дополнением общих принципов регионального металлогенического анализа, который был разработан И. А. БИЛИБИНым и геологами Всесоюзного геологического института. Излагаются закономерности распространения магматогенных месторождений и даны методические указания для составления металлогенических карт.

**Summary**

General principles of regional metallogenetic analysis elaborated by I. A. BILIBIN and the geologists of the All-Union Institute for Geology are completed by the present paper. Regularities found in the distribution of magmatic deposits are described and methodical instructions are given for the compilation of metallogenetic maps.

## Literatur

ABDULLAJEW, CH. M.: Der genetische Zusammenhang der Vererzung mit den Granitintrusionen. – Gosgeoltechisdat, Moskau 1954.

BETECHTIN, A. G.: Über die Erzmikroskopie. – Nachr. Akad. Wiss. UdSSR, Geol. Serie, Nr. 6, 1945.

CHRUSCHTSCHOW, N. A.: Über die vertikale Zonarität einiger hydrothermaler Erzlagerstätten. – Sap. Allunions. Min. Ges., 2. Serie, Ausg. 1, 1953.

DERBIKOW, I. W.: Über den Einfluß der Erztektonik auf die qualitativen Bestandteile von Lagerstätten. – Nachr. des westsibirischen geol. Trusts, Nr. 1, 1937.

EMMONS, W.: Die Beziehungen metallhaltiger Gangsysteme zu den Eruptivgesteinsmassiven. – Staatl. wissenschaftl.-techn. Verlag, Moskau 1933.

– Die Veränderung der primären Vererzung mit der Tiefe. – Staatl. wissenschaftl.-techn. Verlag, Moskau 1933.

FENNER, K. N.: Pneumatolytische Prozesse bei der Mineral- und Erzbildung. – Geologie von Erzlagerstätten der West-Staaten der USA. Ausgabe zu Ehren W. LINDGRENS, ONTI, 1937.

– Über die Natur des erzbildenden Fluids (Artikel von L. GREITON und die Diskussion über ihn). – Staatl. Verlag f. geol. Lit., M.-L. 1946.

FERSMAN, A. E.: Pegmatite. – Verlag Akad. Wiss. UdSSR, Moskau 1940.

GINSBURG, A. I. & G. I. GORJEWSKI: Zu einigen Fragen der Wechselbeziehungen zwischen Pegmatiten mit seltenen Metallen und einigen Typen von Erzgängen. – Nachr. Akad. Wiss. UdSSR, Geol. Serie, Nr. 6, Moskau 1957.

GRIGORJEW, D. P.: Gesetzmäßigkeiten bei der Bildung von Kupfersulfiden in Kieslagerstätten des Mittelurals. – Sap. Allunions. Min. Ges., Teil 37, Nr. 1, 1948.

IWANOW, A. A.: Die Geologie primärer Goldlagerstätten im Ural. – Arbeiten des Berg.-Geol. Inst. d. Uraler Filiale d. Akad. Wiss. UdSSR, **16**, Ausg. 1948.

KOROLJOW, A. W.: Die Abhängigkeit der zonaren Vererzung von der Mineralabfolge in der Entwicklung von Erzlagerstättenstrukturen. – Nachr. Akad. Wiss. UdSSR, Geol. Serie Nr. 1, Moskau 1949.

KREITER, W. M.: Strukturen von Erzfeldern und Lagerstätten. – Gosgeoltechisdat, Moskau 1956.

KUKLIN, N. W.: Über die Bedeutung des Baryts als Leitmineral bei Sucharbeiten auf Kupferkies- und Polymetallagerstätten. – Raswedschik Nedr., Nr. 2, 1947.

KUTJUCHIN, P. I.: 200 Jahre Goldbergbau im Ural. – Verlag d. Uraler Filiale d. Akad. Wiss. UdSSR, 1948.

MAGAKJAN, I. G.: Erzlagerstätten. – Gosgeoltechisdat, Moskau 1955.

NIKITIN, W. D.: Die Besonderheiten der Mineralisation seltener Metalle in Pegmatitgängen. – Sap. Allunions Min. Ges., Nr. 1, 1957.

PETROWSKAJA, N. W.: Über die produktiven Mineralassoziationen in Goldlagerstätten. – Sap. Allunions. Min. Ges., Nr. 3, 1955.

– Über einige Fälle des räumlichen Zusammentreffens endogener Mineralbildungen verschiedener Typen. – Sap. Allunions. Min. Ges., Nr. 3, 1956.

POJARKOW, W. E. & A. W. KOROLJOW: Einige Besonderheiten von klüftigen Erzgängen und die Fragen ihrer Tiefenprospektion. – Sap. Usbek. Abt. Allunions. Min. Ges., Nr. 4, 1953.

SATPAJEW, K. I.: Die räumliche Verteilung polymetallischer Lagerstätten in Kasachstan. – Sowj. Geol., Ausg. 58, 1957.

SEMJONOW, A. I.: Die Prinzipien und die Methodik der Zusammenstellung metallogenetischer Karten in Kasachstan. – Sowj. Geol., Ausg. 58, 1957.

SMIRNOW, S. S.: Zur Frage der Zonarität von Erzlagerstätten. – Nachr. Akad. Wiss. UdSSR, Ausg. 6, Moskau 1937.

– Der gegenwärtige Stand der Lehre über Erzlagerstätten. – Materialien für Geologie und Bodenschätze im NE der UdSSR, Ausg. 1, 1945.

– Bemerkungen zu einigen Fragen der Lehre über Erzlagerstätten. – Nachr. Akad. Wiss. UdSSR, Geol. Serie, Nr. 3, Moskau 1946.

– Über den gegenwärtigen Stand der Theorie über die Bildung magmatischer Erzlagerstätten. – Sap. Allunions. Min. Ges., 2. Serie, Teil 76, 1. Ausg., 1947.

SMIRNOW, S. S. & A. G. BETECHTIN: Die Erfolge auf dem Gebiet der Theorie über die Bildung magmatischer Lagerstätten. – Verlag Akad. Wiss. UdSSR; Jubiläumsausgabe, gewidmet der 30jährigen Wiederkehr der Sozialistischen Oktoberrevolution, Moskau 1947.

WERTUSCHKOW, G. N. & W. N. AWDONIN: Metasomatische Veränderungen der Serpentinite. – Sap. Allunions. Min. Ges., Teil 86, Ausg. 1, 1957.

WOLFSON, F. I.: Die Strukturen endogener Erzlagerstätten. (Grundprobleme der Lehre über magmatische Erzlagerstätten.) – Verlag Akad. Wiss. UdSSR, Moskau 1955.

WOLFSON, F. I. & W. A. NEWSKI: Über die primäre Zonarität der hydrothermalen Lagerstätten. – Nachr. Akad. Wiss. UdSSR, Geol. Serie, Nr. 1, 1949.

# Sucharbeiten auf „verborgene" Kieserzkörper im Ural[1]

G. F. TSCHERWJAKOWSKI, Moskau

Das Aufsuchen und Erkunden neuer Kieslagerstätten im Ural ist gegenwärtig eine der wichtigsten Aufgaben des geologischen Erkundungsdienstes und der Organisationen für wissenschaftliche Forschungen. Denn trotz ständig steigender Investitionen und verbesserter Erkundungsmethoden sinkt der Effekt der Aufwendungen von Jahr zu Jahr. Das erklärt sich hauptsächlich dadurch, daß in der bereits seit vielen Jahren untersuchten Hauptgrünsteinzone des Urals das Auffinden neuer, zutage ausgehender Lagerstätten immer unwahrscheinlicher wird. Daraus folgt natürlich nicht, daß im Ural alle Möglichkeiten der Suche nach Kupferlagerstätten ausgeschöpft sind und daß weitere Sucharbeiten auf Kupferkieslagerstätten nur geringen Erfolg haben werden. Diese Einschätzung geht von folgenden Gesichtspunkten aus:

1. Die tieferen Horizonte der Grünsteinzone des Urals führen im gleichen Maße Kieserze wie der an die Tagesoberfläche ausgehende Teil. Der gegenwärtige Erosionsanschnitt, durch den eine Reihe von Lagerstätten aufgeschlossen ist, ist zufällig. Dies wird durch folgende Daten bestätigt:

a) In verschiedenen Teufen existieren neu entdeckte „verborgene" Erzkörper und Lagerstätten, die man in verschiedenen Teilen der Grünsteinzone des Urals angetroffen hat.

[1] Aus: Materialien für die Allunionsberatung zur Ausarbeitung wissenschaftlicher Grundlagen für das Aufsuchen verborgener Erzkörper (Thesen der Vorträge und Mitteilungen), Moskau 1958, S. 62–65 (russisch). Übers.: W. OESTREICH

b) Die geologischen Verhältnisse der entdeckten „verborgenen“ Lagerstätten und der zutage ausgehenden Lagerstätten sind gleich. Analog sind auch der Charakter der Nebengesteine, der Grad und die Besonderheiten ihrer hydrothermalen Veränderung, ihre mineralische Zusammensetzung und die strukturell-texturellen Züge der Erze.

c) Die tieferen Horizonte der Grünsteinzone des Mittelurals und die oberen, bereits untersuchten Horizonte zeigen die gleiche strukturell-tektonische Situation. Auf Grund der gegenwärtig vorliegenden Daten betrachtet man im Mittelural die Grünsteinzone als einen aus zwei Strukturstufen oder -stockwerken bestehenden Komplex. Das kiesführende, untere Stockwerk besteht aus intensiv metamorphosierten und geschieferten, steil gefalteten Gesteinen. Die Gesteine des oberen Stockwerkes (der sogenannte Orthophyrkomplex) liegen meist flach und sind nicht metamorphosiert. In ihnen wurden keine Kieslagerstätten angetroffen.

d) Kiesführende Gesteine und Formationen sind in — im Vergleich zu den erkundeten — großen Tiefen verbreitet. Gravimetrische Messungen (W. A. BUGAILO, A. N. TIMOFEJEW u. a. 1952) zeigten, daß sich im Mittelural die Faltenstrukturen der Grünsteinzone in einer Teufe von etwa 5 km befinden. Im Süd- und Nordural herrschen flacheinfallende Strukturen, und die kiesführenden Gesteine reichen nur bis in Teufen von 1—2 km.

2. „Verborgene“ Erzkörper und Lagerstätten sind nicht nur in der sogenannten Hauptgrünsteinzone des Urals verbreitet. Die in den letzten fünf Jahren gewonnenen Untersuchungsergebnisse über den geologischen Aufbau und die Kiesführung der einzelnen Schichtfolgen des Urals lassen erkennen, daß bei einer Einschätzung der Kupfervorräte des Urals nicht nur die Hauptgrünsteinzone berücksichtigt werden darf. Als kiesführend erwies sich die sogenannte Amphibolit- oder Phyllit-Amphibolit-Folge, in der 1954 bei Kyschtym die Kupferkieslagerstätte Mauksk entdeckt wurde. In der gleichen Folge wurde bei Bohrungen im Gebiet der Knjaspinsker Seen, im nördlichen Teil des Mittelurals, eine intensive Pyrit-Mineralisation mit Merkmalen einer Kupfervererzung angetroffen. Anzeichen einer Kupfermineralisation sind auch aus anderen Bereichen der Folge bekannt.

Besondere Aufmerksamkeit verdienen die bei Bohrungen und regionalen geophysikalischen Vermessungen im westlichen Transuralgebiet erhaltenen Angaben. In diesem Gebiet wurden in einigen weit voneinander entfernten Bohrungen unter den Bildungen des Känozoikums und Mesozoikums Gesteine der kiesführenden Formation angetroffen. In der gleichen Zone entdeckte man durch Bohrungen 1951 unter einer 100 m mächtigen Folge känozoisch-mesozoischer Gesteine die Kupferkieslagerstätte Sultanowskoje.

3. Beim Aufsuchen „verborgener“ Erzkörper und Lagerstätten muß man immer von den strukturell-tektonischen und faziell-lithologischen Verhältnissen des Gebietes und der Erzfelder ausgehen.

In der Grünsteinzone des Urals ist bereits seit langem festgestellt worden, daß die Kieslagerstätten an saure und intermediäre effusiv-pyroklastische Gesteine — die sogenannte Andesit-Albitophyrformation — oder (im Südural) an die Spilit-Keratophyrformation gebunden sind. Gesetzmäßig ist auch das Gebundensein der Kieslagerstätten an Bereiche einer feinen Wechsellagerung effusiver und effusiv-pyroklastischer Gesteine verschiedener chemischer Zusammensetzung. Besonders oft sind sie des weiteren an aus Tuffen und Tuffbrekzien saurer und intermediärer Zusammensetzung bestehende Horizonte, im Mittelural z. B. an die Produkte der Metamorphose dieser Gesteine, gebunden.

a) Wichtig für das Aufsuchen verborgener Erzkörper und Lagerstätten im mittleren Ural sind die Quarz-Sericit-Schiefer, in denen fast alle bekannten Kupferkieslagerstätten, darunter auch die bereits aufgefundenen „verborgenen“, auftreten. Die Kupferkieslagerstätten liegen in den randlichen Teilen der Quarz-Sericitschieferzonen; in den mittleren Teilen wurden nur Schwefelkieslagerstätten angetroffen.

Auf den geologischen Karten ist zu erkennen, daß in der Grünsteinzone die Quarz-Sericitschiefer in Form einzelner Linsen vorliegen, die in Kombination die sogenannten kiesführenden Zonen bilden. Durch Erkundungsarbeiten wurde festgestellt, daß jede Lagerstätte, jede Erzzone und mit ihr die umgebenden Quarz-Sericitschiefer, durch ein Abtauchen oder „Zusammenrollen“ charakterisiert sind. In Zusammenhang damit treten im Ural folgende Lagerstättenformen auf: horizontalliegende, flach abtauchende, steil einfallende und seiger einfallende. Weiterhin wurde festgestellt, daß die einzelnen kiesführenden Zonen und damit die in ihnen auftretenden Lagerstätten einheitlich abtauchen. So fallen im westlichen Kirowgrader Gebiet alle bekannten Lagerstätten mit etwa 30° nach Norden ein; im östlichen Kirowgrader Gebiet beträgt das Einfallen 85° nach Süden, in der Krasnouralsker Hauptzone 45—55° nach Süden. Besondere Beachtung verdient die Tatsache, daß diese Gesetzmäßigkeit auch für die in diesen Zonen liegenden „verborgenen“ Lagerstätten zutrifft.

b) Im Südural liegen alle bekannten Kieslagerstätten, darunter auch die „verborgenen“, in sauren Effusivgesteinen (Porphyren, Keratophyren, Albitophyren), und zwar in Bereichen, in denen diese mit basischen Effusivgesteinen (Spiliten und Diabasen) wechsellagern oder mit diesen in Kontakt stehen. Manchmal sind die Lagerstätten an hydrothermal veränderte Gesteine oder an sehr schwach metamorphosierte Effusiva gebunden.

c) Im nördlichen Teil des Mittelurals sind bei den flach einfallenden Strukturen alle bekannten Kupferkiesvorkommen an die Gesteine der sogenannten Andesit-Albitophyr-Folge gebunden. Meistens treten sie in Zusammenhang mit Zonen hypogen aufgehellter Gesteine auf, die an Gebiete, in denen sekundäre Quarzite auftreten oder Effusivgesteine unterschiedlicher Zusammensetzung wechsellagern, geknüpft sind. In den letzten Jahren fand man bei den Erkundungsarbeiten in diesem Bereich der Grünsteinzone des Urals „verborgene“, flach in sekundären Quarziten liegende Schwefelkieskörper.

d) In der Abtauchzone von Kamyschlowsk-Alapajewsk im Transuralgebiet streichen die Gesteine der Grünsteinformation nur selten an der Tagesoberfläche aus. Meist sind sie von känozoisch-mesozoischen Ablagerungen überdeckt, die in dem an den Ural angrenzenden Teil, in dem diese Gesteine aufgeschlossen sind, einige Dutzend Meter bis zu 100—150 m mächtig sind. Weiter nach Osten erreicht die Mächtigkeit allmählich einige hundert Meter. Die weite Verbreitung von Gesteinen der kiesführenden Formation deutet unter Berücksichtigung der seit langem bekannten Mineralisationszonen und der zufällig aufgefundenen Kieslagerstätte Sultanowskoje darauf hin, daß weitere Arbeiten zum Aufsuchen „verborgener" Erzkörper und Lagerstätten in dieser Zone begründet sind.

e) Beim Aufsuchen „verborgener" Erzkörper und Lagerstätten muß man sich von den gleichen Anzeichen leiten lassen, die auch beim Aufsuchen von an die Tagesoberfläche ausgehenden Lagerstätten benutzt werden. Besonders wichtig ist dabei die Bohrlochgeophysik, deren beschleunigte Entwicklung somit dringend erforderlich wird.

# Geologische und physikalische Verhältnisse bei der Bildung von Erdöl- und Erdgaslagerstätten

A. SNARSKY, UdSSR, z. Z. Freiberg (Sa.)

Schon seit einigen tausend Jahren hat die Menschheit Erdöl, Erdgas und Asphalt verwertet. Aber erst im 19. Jahrhundert begann man mit einer systematischen Erforschung. Obwohl zahlreiche Untersuchungsergebnisse vorliegen, konnte bis heute über die Bedingungen, die zur Bildung von Erdöl und Erdgas geführt haben, keine endgültige Klärung herbeigeführt werden. Auch der Fragenkomplex über die Migration von Erdöl und Erdgas und die hierdurch bedingten Gesetzmäßigkeiten in der Verteilung der Erdöl- und Erdgaslagerstätten bedürfen weiterer Bearbeitung. Zunächst beschäftigten sich mit diesen Problemen nur die Geologen nach den klassischen Methoden der beschreibenden Geologie. Die wachsende Nachfrage nach Erdöl und Erdölprodukten bewirkte jedoch, daß sich der Kreis der Fachleute, die sich mit Fragen der Erdölbildung befaßten, ständig erweiterte. Außer von den Geologen wurden Einzelfragen der Erdölgeologie auch von Chemikern, Physikern und Technikern bearbeitet, was zwar zur Erweiterung der Kenntnisse beitrug, die Untersuchungen aber umfangreicher und nicht immer erfolgreicher gestaltete.

Viele Einzelprobleme konnten gelöst werden, andere blieben ungeklärt. Jedoch vertreten die einzelnen Forscher oft unterschiedliche und sogar widerspruchsvolle Ansichten. Zum Beispiel wird die Tatsache, daß Erdöl gelegentlich in Eruptivgesteinen auftritt, von den einen als Migration aus Sedimentgesteinen gedeutet, von anderen dagegen als Beweis für eine anorganische Entstehung des Erdöls angesehen. Daher kann man selbst durch sorgfältigste Analyse der in vielen Sprachen veröffentlichten Forschungsarbeiten zu keiner allgemein anerkannten Theorie kommen.

Die Bildung von Erdöl und Erdgas und ihrer Lagerstätten ist ein sehr langdauernder Vorgang. Man ist sich bewußt, daß die Beobachtungen eines Forschers nur einen relativ kurzen Zeitabschnitt umfassen können. Nur eine Erscheinung, die Zerstörung von Erdöl- und Erdgaslagerstätten, kann der Forscher tatsächlich in ihrer Dynamik beobachten. Auch unter Berücksichtigung der Irreversibilität der Vorgänge und selbst unter Ausnutzung aller wissenschaftlichen Hilfsmittel wird der Forscher vieles, was in der erdgeschichtlichen Vergangenheit im großen Laboratorium der Natur vor sich ging, nicht erklären können. Bei Modellversuchen gehen wir nun vom Endprodukt der natürlichen Umwandlung — vom Erdöl — aus und sind bestrebt, mit Hilfe der Logik die geologischen und physikalisch-chemischen Verhältnisse jener Prozesse zu rekonstruieren, durch die sich das Erdöl im Verlauf langer Zeiträume gebildet hat — angefangen bei der Ablagerung der Sedimentgesteinsfolgen, in denen sich die organischen Reste ansammelten, bis zum Speichergestein, in dem wir das Erdöl jetzt finden.

Dadurch, daß viele Untersuchungsmethoden anderer Wissenszweige jetzt bei der geologischen Forschung Verwendung finden, werden die klassischen geologischen Methoden aufgefrischt, und in verstärktem Maße können neue Ergebnisse gesammelt werden. Viele der von den Forschern vertretenen Ansichten werden wissenschaftlich begründet werden, aber zahlreiche irrige Vorstellungen werden auch in Vergessenheit geraten.

Das Grundproblem in der Erdölgeologie bildet die Entstehung großer Erdöl- und Erdgasansammlungen. Erst wenn dieses gelöst ist, wird es möglich sein, immer die richtigen Methoden beim Aufsuchen und Erkunden von Lagerstätten anzuwenden. Von den zahlreichen mit diesem Hauptproblem zusammenhängenden Fragen werden im folgenden nur allgemeine Fragen der Bildung von Lagern und die Gesetzmäßigkeit der Erdöl- und Erdgasverteilung betrachtet.

Bei den ersten Hypothesen, mit denen die Wissenschaftler die Erdöllagerung zu erklären versuchten, ging man von der analogen Lagerung der Erzkörper aus. So erforschte A. P. IWANOW 1903 den Einfluß der Dislokationen bei der Erdölverteilung und unterzog die Antiklinaltheorie und die Theorie der Schwereverteilung von Erdöl und Wasser einer scharfen Kritik. Er war der Meinung, daß das Erdölvorkommen auf der Insel Tscheleken eine typisch gangartige Lagerstätte bildet und mit nicht weniger typisch ausgebildeten Klüften, Verwerfungen und Verschiebungen, d. h. mit einer disjunktiven Dislokation, verbunden ist. Da damals aber die Tektonik der Erdölfelder nur wenig erforscht war, war es nicht möglich, die Besonderheiten der Erdölverteilung näher zu erläutern. Außerdem weisen die Lagerstättengruppen zum Teil komplizierte Strukturen auf. Oft ist nur eine Flanke einer Antiklinale oder eines von den periklinalen Enden der Falte erdölführend, wodurch auch in zahlreichen Strukturen die Schichten nur sporadisch mit Erdöl gesättigt sind.

Alle diese Fragen finden eine einfache und logische Erklärung, wenn man annimmt, daß sich das Erdöl am Ort der Akkumulation der organischen Ausgangsstoffe gebildet hat. Neue Ergebnisse aus Erkundungs- und Produktionsbohrungen halfen die tektonischen Verhältnisse der erdölführenden Felder im einzelnen zu klären. Die Vorstellungen von A. P. IWANOW und seinen Vorgängern, deren späterer Anhänger K. P. KALITZKIJ war, mußte man daraufhin ablehnen. Allgemein anerkannt wurde jetzt die Theorie, daß sich die Erdöllagerstätten durch Migrationsvorgänge gebildet haben. Eine allgemeingültige Lösung der Fragen der Erdölgenese wurde bisher aber noch nicht gefunden. Lediglich die Hauptfaktoren der Bildung von Erdöl- und Erdgaslagern sind bekannt: eine günstige Falle; das Vorhandensein eines Speichergesteins; das Vorhandensein von Migrationswegen, durch die das Erdöl in die Falle eindringen und Lager bilden kann.

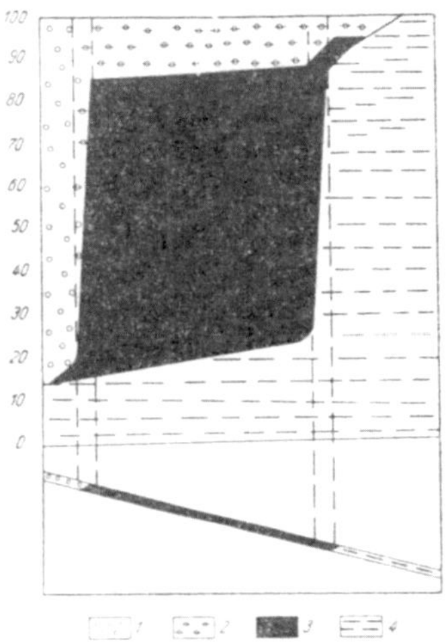

Abb. 1. Verteilung von Erdöl, Gas und Wasser in einer gleichartigen Schicht.

1 – Gas, 2 – in Erdöl und Wasser gelöstes Gas, 3 – Erdöl, 4 – Wasser

Die physikalischen und geochemischen Verhältnisse einer Falle werden durch die Temperatur, den Grad der Porosität des Speichergesteins und die hydrogeologischen Gegebenheiten bestimmt.

Die mechanische und mineralogische Beschaffenheit, die Art des Zements usw., Faktoren, die im allgemeinen die Erdölverteilung in der Schicht und somit auch innerhalb der Lagerstätte bestimmen, sind zuweilen für die Entstehung eines bestimmten Lagerstättentyps von entscheidender Bedeutung. Damit einmal gebildete Erdöl- und Erdgaslager auch im Verlauf der weiteren geologischen Entwicklung erhalten blieben, sind unter anderem folgende Voraussetzungen nötig: undurchlässige Gesteinsschichten, die ein Migrieren von Erdöl und Erdgas aus dem Speichergestein verhindern; ein reduzierendes Milieu; die Beständigkeit einer günstigen hydrogeologischen Situation im Becken, die die stagnierenden Zonen an den Grenzen der Lager erhält.

Da sich die Erdkruste in einer ununterbrochenen Entwicklung und Veränderung befindet, verändert sich auch im Verlaufe der geologischen Entwicklung in den Erdöl- und Erdgaslagern das geologische und geophysikalische Milieu. Zu den veränderlichen Faktoren, die einmal die Erhaltung der Lagerstätte fördern, zum anderen aber auch deren teilweise oder völlige Zerstörung bedingen können, gehören die Eigenschaften des Speichergesteins — Porosität, Permeabilität, Klüftigkeit —, der Aufbau und die Lage der Falle, die Temperatur, der Lagerstättendruck, das hydrogeologische und das geochemische Milieu. Alle diese Fragen wurden von I. M. GUBKIN, I. O. BROD und anderen eingehend behandelt. Verf. will nun in vorliegendem Beitrag nur die Lagerstattenbildung und die Gesetzmäßigkeiten der Erdöl- und Erdgasverteilung innerhalb der einzelnen Strukturen betrachten.

Im allgemeinen wird die Verteilung von Erdöl und Erdgas in der Lagerstätte bestimmt durch:

1. Zusammensetzung des Erdöls;
2. physikalische Eigenschaften von Erdöl und Erdgas unter Lagerstättenbedingungen;
3. Speichereigenschaften (Porosität und Permeabilität) der Schichten;
4. mineralogische Zusammensetzung des Speichergesteins;
5. mechanische Beschaffenheit des Speichergesteins;
6. Form und Lage der Falle im Raum;
7. Mächtigkeit und Ausbildung des Deckgebirges;
8. Auftreten von Verwerfungen, ihre Lage, ihre Bildungszeit im Verhältnis zur Bildungszeit des Lagers;
9. Vorhandensein von anderen in der Nähe auftretenden erdöl- und erdgasführenden Lagerstätten;
10. hydrogeologische Verhältnisse;
11. geochemische Verhältnisse;
12. Migrationsmöglichkeiten;
13. Geschichte der geologischen Entwicklung der Lagerstätte;
14. Lagerstättendrücke;
15. Lagerstättentemperaturen.

## 1. Verteilung von Erdöl und Erdgas in einer gleichartigen Schicht

Unter einer gleichartigen Schicht verstehen wir eine Schicht, die in den Randbereichen der erdöl- und erdgasführenden Zone ungefähr gleiche Mächtigkeit, Porosität, Permeabilität usw. besitzt.

Aus dem in Abb. 1 dargestellten Schema, daß die Verteilung von Erdgas, Erdöl und Wasser in einer Erdöllagerstätte mit Gaskappe zeigt, ist ersichtlich, daß Erdöl und Wasser diejenige Lage einnehmen, die ihrem spezifischen Gewicht (vgl. unteren Teil des Schemas) entspricht. Das Wasser findet sich außerdem noch in Form von gebundenem Wasser (Haftwasser) in den an Erdöl und Gas gesättigten Teilen der Schicht. Das gemeinsame Auftreten von Gas, Erdöl und Wasser wird dadurch erklärt, daß, bevor die Schicht mit Erdöl und Gas gesättigt wurde, die Poren der Schicht völlig mit Wasser gesättigt waren und das Wasser vom Erdöl und vom Gas nur teilweise verdrängt werden konnte. Da die Gasbläschen beim Aufsteigen Erdöltröpfchen mitreißen können, tritt manchmal auch in der Gaskappe der Erdöllagerstätten in geringen Mengen Erdöl auf.

Über einer Lagerstätte bilden sich Gaskappen dann, wenn das Erdöl mit Gas übersättigt ist. Dies kann der Fall sein, wenn Erdöl und Gas in die Falle migrieren oder wenn bedeutend mehr Gas vorhanden ist, als im Erdöl bei den entsprechenden Schichtentemperaturen und -drücken gelöst werden kann. Die Ausmaße der das Erdöl umgebenden Gaslager sind von dem Verhältnis Erdöl:Gas und der Möglichkeit der Erhaltung des Gases während der geologischen Entwicklung abhängig. Die ausgehenden Teile der Struktur werden aber häufig durch Störungen kompliziert, an denen ein Ausströmen des Gases stattfand.

Infolge der Diffusion durch die Schichtenfolge wird das Lager allmählich mit Gas gesättigt. Das führt manchmal zu Störungen des thermodynamischen Gleichgewichts, und es findet dadurch eine Absonderung des Gases vom Erdöl statt. Dieses abgesonderte Gas reißt, wenn es in die Bereiche der Gaskappe eindringt, das Erdöl zum Teil mit fort.

Eine dritte Art der Gaskappenbildung ist möglich, wenn das gesamte Gas im Erdöl gelöst war. Bei einer Verminderung des Lagerstättendruckes — bedingt z. B.

Abb. 2. Schema der Bildung einer Gaskappe durch Abnahme des Schichtendruckes infolge Denudation

1 – Gas, 2 – Erdöl, 3 – Wasser

durch eine bedeutende Denudation — sondert sich ein Teil des Gases vom Erdöl ab und bildet eine Gaskappe, wobei ein Teil des Erdöls verdrängt wird. Das in einem solchen Fall auftretende sogenannte Filmerdöl zeugt davon, daß früher in dem Bereich, in dem jetzt das Gas vorkommt, mit Gas gesättigtes Erdöl lagerte. Als Beispiel eines solchen Lagers können die Schichten VI und VII von Lock-Botaka der Apscheron-Halbinsel dienen.

Abb. 2 erläutert die dritte Möglichkeit der Bildung einer Gaskappe. Infolge Denudation hat sich der hydrostatische Druck am Rande des Erdöllagers auf die Höhe $H_1 - H_2$ verringert, was zur Störung des thermodynamischen Gleichgewichts und damit zur Absonderung eines Teiles des vorher im Erdöl gelösten Gases führte. Erdölspuren treten aber auch außerhalb des erdölführenden Bereiches auf.

In der Gaskappe liegt das Gas in freier und im Erdöl und Wasser in gelöster Form vor. Die Zusammensetzung des gelösten Gases verändert sich mit der Entfernung von der Erdöllagerstätte, und zwar nimmt der Gehalt an schweren Kohlenwasserstoffen ab, der Methangehalt zu.

Infolge der bisher ungenügenden Erforschung des die Erdöllagerstätte umgebenden, mit Gas gesättigten Schichtenwassers ist es nicht möglich, festzustellen, wie weit vom Rand der Lagerstätte entfernt Erdölgas im Wasser gelöst und in welcher Menge es vorhanden ist.

Die in Abb. 1 dargestellte Verteilung von Gas, Erdöl und Wasser ist rein theoretisch angenommen worden. Im Grundriß (Abb. 1, oben) entsprechen, unabhängig vom Einfallswinkel der Schicht, die Grenzlinien eines Horizontes der Strukturkarte in allen Teilen dem Profil (Abb. 1, unten). Die Grenzen Gas, Erdöl und Wasser verschieben sich also entsprechend ihrem unterschiedlichen spezifischen Gewicht und weisen in verschiedenen Teilen der Struktur, bezogen auf NN, eine etwas unterschiedliche Höhe auf. Aus Abb. 1 ist ersichtlich, daß die im Erdöl gelöste Gasmenge vom Scheitel nach den Flanken der Struktur abnimmt, was mit einer Veränderung der physikalischen Eigenschaften der Erdöle und der unterschiedlichen Beschaffenheit des Erdöls am Scheitel und an den Flanken der Struktur begründet werden muß.

Wie Untersuchungen über die Abhängigkeit des spezifischen Gewichts des Erdöls von der Tiefenlage der V. und VII. Schicht in der Struktur von Buchta Iljitsch (Baku, Bibi-Eibat) gezeigt haben, nimmt das spezifische Gewicht des Erdöls, dessen Normalwert bei einer Temperatur von 20°C und Atmosphärendruck bestimmt wurde, bei einer Teufenzunahme von 10 m um 0,00055 zu. In der Podkirmakinsker produktiven Schichtenfolge des Leninbezirks Baku variiert diese Größe zwischen 0,00026 und 0,00019.

Berücksichtigt man, daß die Temperatur in den tieferen Teilen einer Schichtenfolge höher ist, so müßte das spezifische Gewicht des Erdöls in den tieferen Teilen geringer sein.

Der Unterschied im spezifischen Gewicht hat unvermeidlich das Auftreten von Konvektionsströmen zur Folge, die einen Ausgleich der spezifischen Gewichte der Erdöle bewirken, so daß das Erdöl in bestimmten Tiefen ungefähr die gleiche Dichte aufweisen wird. Erdöl einer bestimmten Temperatur jedoch besitzt in den tieferen Teilen einer Schicht ein höheres spezifisches Gewicht. In der Tabelle sind die entsprechenden Parameter aus einer Erdöllagerstätte der Ukrainischen SSR zusammengestellt. Der scheitelnahe Teil der Lagerstätte befindet sich in einer Tiefe von 1050 m und die tiefste erdölführende Zone in einer Tiefe von 2500 m.

Tabelle. Parameter einer Erdöllagerstätte in der Ukrainischen SSR

| Parameter der Lagerstätte | im strukturhöchsten Teil | in der Nähe des Erdöl/Wasser-Kontaktes |
|---|---|---|
| Ursprünglicher Lagerstättendruck | 237 at | 343 at |
| Sättigungsdruck | 132 at | 268 at |
| Spezifisches Gewicht des Erdöls unter Lagerstättenverhältnissen[1]) | 0,734 g/cm³ | 0,736 g/cm³ |
| Spezifisches Gewicht des Erdöls bei 20° C und atmosphärischem Druck | 0,836 g/cm | 0,849 g/cm³ |
| Ursprüngliches Gas/Öl-Verhältnis | 77,0 M/M³ | 142, 4M/M³ |
| Lagerstättentemperatur | 42,5°C | 84,0°C |
| Viskosität des Erdöls unter Lagerstättenbedingungen | 1,1 Zentipoise | 0,9 Zentipoise |
| Viskosität des Erdöls in der Lagerstätte bei Sättigungsdruck | 0,92 Zentipoise | 0,78 Zentipoise |

[1]) Das spezifische Gewicht des Erdöls unter Lagerstättenverhältnissen wurde durch Berechnung bestimmt.

Nach M. W. ABRAMOWITSCH erhöhen sich in einer Lagerstätte auf der Apscheron-Halbinsel die spezifischen Gewichte der Erdöle bei einer Teufenzunahme um 10 m folgendermaßen:

| Spezifisches Gewicht des Erdöls | Zunahme des spezifischen Gewichtes des Erdöls |
|---|---|
| 0,740 — 0,750 | 0,00025 |
| 0,800 — 0,810 | 0,00023 |
| 0,850 — 0,860 | 0,00021 |
| 0,900 — 0,910 | 0,00019 |
| 0,920 — 0,930 | 0,00013 |

Da der Verdichtungskoeffizient der Öle geringer ist als ihr Wärmeausdehnungskoeffizient, wird die Erhöhung des spezifischen Gewichts weniger durch die Druckzunahme als durch den Einfluß der Temperatur bedingt.

Um Schlüsse über die Bildung von Strukturen, insbesondere über die Bildungszeit von Erdöllagerstätten und über die Richtung der Erdölmigration ziehen zu können, ist die Untersuchung der Frage, ob es in einer Schicht ein thermodynamisches Gleichgewicht gibt oder nicht, von großem Interesse. Viele bei den Untersuchungen gewonnenen Werte weisen darauf hin, daß die Bildung vieler Erdöllager auch zur Zeit noch nicht abgeschlossen ist. Die vom Verf. bereits 1935 dargelegten Anschauungen wurden in den nachfolgenden Jahren durch weitere Arbeiten zahlreicher Forscher weiterentwickelt und bestätigt.

Vertritt man die Meinung, daß das migrierende Erdöl mehr als das Erdöl der Lagerstätte mit Gas gesättigt ist und die Erdölsättigung auf verschiedene Weise stattfindet, so kann man unter Hinweis auf das noch nicht

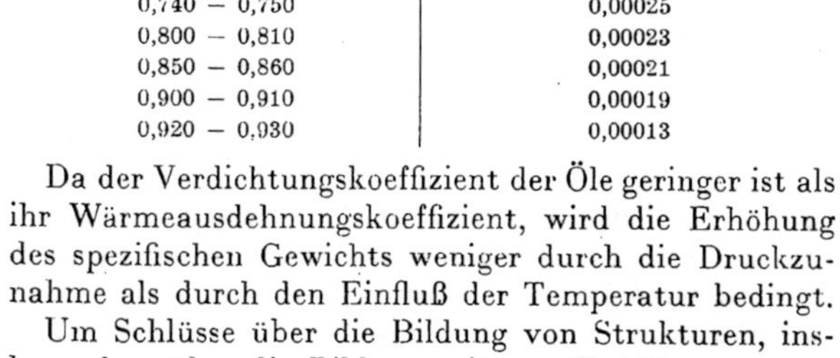

Abb. 3. Schema der Bildung einer Erdöllagerstätte
a) durch Migration des Erdöls an Störungen im Scheitel der Antiklinale, b) durch Migration des Erdöls von den Flanken
1 — Erdöl, 2 — Wasser

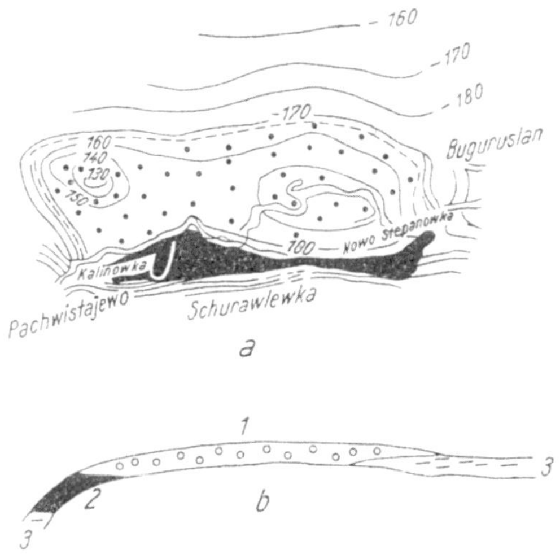


Abb. 4. Schema der Lagerstätte von Buguruslan im Kamsker Horizont der Kasaner Stufe (nach I. O. BROD)
a) Aufsicht, b) Profil
1 – Gas, 2 – Erdöl, 3 – Wasser

festgestellte thermodynamische Gleichgewicht und bezogen auf die im Erdöl gelöste Gasmenge die obenangeführten genetischen Fragen beantworten.

Abb. 3 zeigt nun, wie sich infolge einer Migration an Störungslinien, die den scheitelnahen Teil der Falle betroffen und kompliziert haben (Abb. 3a), und durch Migration auf den Flanken der Antiklinale (Abb. 3b) Erdöllagerstätten bildeten. Wenn man annimmt, daß das migrierende Erdöl an Gas gesättigter ist, und wenn man weiterhin berücksichtigt, daß der Ausgleich der Gassättigung auf Kosten der Gasdiffusion und der Konvektion stattfinden kann, so ergibt sich die Möglichkeit, daß bei einer Erdölmigration nach Schema „a" die Gassättigung des Erdöls im scheitelnahen Teil größer als an den Flanken sein wird. Bei einer Erdölmigration entsprechend Schema „b" wird die größere Gassättigung an den Flanken auftreten. Aus Abb. 3 ist ersichtlich, daß Gas und Erdöl, Erdöl und Wasser nicht scharf voneinander getrennt sind, sondern daß deutlich ausgeprägte Übergangszonen zwischen den verschiedenen Medien auftreten. Nach P. J. JONES (1947) kann die Übergangszone vom Erdöl zum Gas bis zu 2,5 m, vom Schichtwasser zum Gas bis zu 1,8 m und vom Schichtwasser zum Erdöl von 1,8 bis 9 m mächtig sein. Die Mächtigkeit der Übergangszonen ist von dem Unterschied zwischen den physikalisch-chemischen Eigenschaften der Medien abhängig, und zwar ist sie um so größer, je geringer der Unterschied ist.

Im allgemeinen hängt die Mächtigkeit der Übergangszone zwischen erdöl- und gasführenden Schichten von den spezifischen Gewichten des Erdöls und des Gases und vom Sättigungsdruck ab. Je großer das spezifische Gewicht des Gases einer Gaskappe ist, um so geringer ist das spezifische Gewicht des Erdöls, und je großer der Sättigungsdruck ist, um so weniger scharf wird die Trennung zwischen dem Gas und dem Erdöl sein.

Weiterhin wurde festgestellt, daß die Mächtigkeit der Grenzschicht zwischen dem Erdöl und dem Wasser für schwere Erdöle größer und für leichte geringer ist. Nach Angaben von R. M. NOWOSILEZKIJ (persönliche Mitteilung) beträgt die Mächtigkeit der Grenzschicht zwischen Gas und Wasser in der Gaslagerstätte von Schebelinka (Ukrainische SSR) über 10 m.

Gewöhnlich wird die Grenzschicht zwischen Gas, Erdöl und Wasser als horizontal gelagert und auf den Meeresspiegel bezogen dargestellt, was in Wirklichkeit fast nie zu beobachten ist. Meistens sind die Grenzschichten geneigt, wobei der Neigungswinkel der Grenzschicht zwischen dem Erdöl und dem Wasser etwas größer ist als zwischen Erdöl und Gas. Er ist aber immer kleiner als der regionale Neigungswinkel der Schichten.

Die Struktur der Lagerstätte von Buguruslan im Kamsker Horizont der Kasaner Stufe (Abb. 4) zeigt, daß nicht nur die Grenzschichten geneigt sein können, sondern daß auch eine bedeutende Verlagerung des Erdöls durch die Gaszone eintrat. Auf einem Flügel steht jetzt das Wasser mit Gas und auf dem anderen mit Erdöl in Kontakt.

Die Verlagerung des Erdölvorkommens auf einen Flügel der Strukturen wird häufig in den Lagerstätten der Apscheron-Halbinsel im unteren Teil der produktiven Schichtenfolge beobachtet.

In Abb. 5 wird die Verteilung von Erdöl und Wasser in der Antiklinale von Tscheptura (Rumänien) dargestellt. Das Erdöllager wurde hier auf den steileinfallenden Flügel verlagert. Diese Verlagerung auf den steilabfallenden Flügel der Fallen wird auch in den Lagerstätten des Nordkaukasus sowie in Rumänien auf den Feldern von Runku, Zementschi usw. beobachtet.

Geneigte Kontakte wurden in vielen Lagerstätten der USA, z. B. in den Staaten Wyoming, Montana, Oklahoma und Texas, festgestellt.

K. KREJCI-GRAF war einer der Forscher, der aus den Lagerstätten Rumäniens die Verlagerung des Erdöllagers auf einen Flügel der Falle beschrieben hat. Diese Verlagerung des Erdöls auf einen Flügel der Antiklinale erklärt er einmal durch das schnellere Absinken eines Flügels und zum anderen damit, daß in etwa einer Mil-

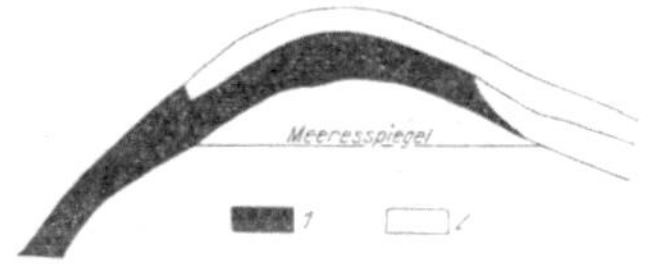


Abb. 5. Verteilung von Erdöl und Wasser in der Antiklinale von Tscheptura (nach KREJCI-GRAF)
1 – Erdöl, 2 – Wasser

lion Jahren, die seit jener Zeit, in der sich die Falle in ihrer jetzigen Form gebildet hat, vergangen sind, die ursprüngliche Lagerung des Öls erhalten blieb. Es fand lediglich eine Verlagerung des Gases statt. In einer solch eigenartigen Lagerung von Gas, Erdöl und Wasser sieht KREJCI-GRAF eine Bestätigung dafür, daß, wenn das Gleichgewicht in den Schichten einmal erreicht ist, nur schwer ein Transport der Flüssigkeiten in der Schicht stattfinden kann.

Im allgemeinen erklärt K. KREJCI-GRAF die Verlagerung des Erdöls auf einen Flügel mit der Abhängigkeit der Erdölführung von der tektonischen Intensität und glaubt, daß das Erdöl aus den am intensivsten „zusammengedrückten Abschnitten" ausgepreßt werden kann. Während die erste Annahme zu erwägen ist, hält seine zweite keiner Kritik stand.

W. L. RUSSEL (1951), der die Ursachen der Neigung der Grenzschichten in Erdöllagerstätten analysiert, erwähnt, daß der Neigungswinkel oft gleich dem Winkel des regionalen Einfallens der Gesteinsschichten ist, die Neigung der Grenzschicht von Erdöl zu Wasser meistens aber steiler als das regionale Einfallen der Schichten in den Erdöllagerstätten ist. Für diese Verlagerung gibt er folgende Erklärungen:

1. Die Verlagerung des Erdöls auf einen Flügel kann durch die Veränderung der petrographischen Zusammensetzung des Speichergesteins hervorgerufen worden sein. Das heißt, wenn zwischen den Eigenschaften des Speichergesteins und der selektiven Erdölsättigung eine Beziehung besteht, so haben auf einem Flügel der Antiklinale bessere Bedingungen für eine Erdölsättigung geherrscht.

2. Geneigte Grenzschichten können in jenen Lagern auftreten, in denen die Medien (Wasser, Erdöl, Gas) nicht imstande waren, entsprechend dem Gravitationsgesetz ins Gleichgewicht zu kommen.

3. Die Verlagerung des Erdöls auf einen der Flügel kann durch die Schichtwässer bedingt sein, die das Lager umfließen und einen Druckabfall erzeugen, der groß genug ist, um das Lager zu verschieben.

4. Die Entstehung schwach durchlässiger Zonen an der Grenze des Erdöllagers, wo sich Asphalt, Teer usw. absondern, was zu einer Art Versiegelung des Lagers vom Rande her führt, kann die Bildung geneigter Grenzschichten hervorrufen.

Eine durch die Tektonik bedingte Lageveränderung der Falle im Raum führt ebenfalls zur Verschiebung des Lagerstätteninhalts.

5. Die Ursache für das Auftreten einer Erdöllagerstätte an einem Flügel der Falle kann die Undurchlässigkeit des Speichergesteins sein. Als Beispiel dafür können die sogenannten Strukturnasen (Strukturspitzen) dienen, die in vielen Fällen Erdöllager enthalten.

Wenn Erdöllager nur auf einem Flügel der Falle auftreten, so kann das auch durch einseitige Erdölmigration bei der Lagerbildung hervorgerufen worden sein.

Das Auftreten geneigter Grenzschichten in Erdöllagerstätten kann somit durch Tektonik, Petrographie, Vorhandensein der Schichtwässer, einseitige Migration, physikalisch-chemische Vorgänge, die an den Grenzschichten des Erdöls zum Wasser entstehen und zur Herabsetzung der Permeabilität der Übergangszone führen, bedingt sein.

Alle diese Ansichten wurden in den Arbeiten von W. A. GORIN, S. W. MECHTJEW J. J. POTAPOW, A. N. SNARSKIJ u. a. angewendet und weiterentwickelt.

Keine der von K. KREJCI-GRAF und W. L. RUSSELL gegebenen Erkärungen der Verlagerung des Erdöls kann allgemein anerkannt werden. Aber eine von diesen (die Möglichkeit derLagerverschiebung auf einen Flügel durch strömendes Wasser) muß in erster Linie erforscht werden.

Das hydrogeologische Milieu, oder wie man manchmal sagt, der hydraulische Faktor, ist eine der Hauptursachen für die Bildung, Erhaltung und Zerstörung von Erdöllagern. Eine Bewegung der Schichtenwässer findet überall statt, aber die Fließgeschwindigkeit ist unterschiedlich.

In Abb. 6 ist schematisch ein artesisches Becken dargestellt. Pfeile markieren die Richtung des Wasserlaufs. Durch die Druckverluste bei der Überwindung der hydraulischen Widerstände der Bohrungen, die auf beiden Flügeln niedergebracht wurden und die die Schicht in gleicher Teufe erschlossen haben, entstehen unterschiedliche hydrostatische Drücke, die durch die Höhe der Wassersäule in den Bohrungen ($H_1$, $H_2$) zum Ausdruck kommen. Dem Druckabfall zwischen diesen beiden Bohrungen entspricht der Unterschied der Drücke $H_1-H_2$.

Wenn der Druckabfall geringer ist als der Auftrieb des Erdöls (die Größe des Auftriebs ist gleich dem Unterschied des spezifischen Gewichts von Erdöl und Wasser), dann wird die Grenzschicht zwischen Erdöl und Wasser fast horizontal (Abb. 6, Linie 1—1) liegen. Ist der Druckabfall größer als der Auftrieb, so findet eine Verlagerung des Erdöls nach der Seite des geringeren Druckes statt, und die Grenzschicht liegt geneigt (Abb. 6, Linie 2—2).

Bei großen Druckabfällen kann ein Zustand eintreten, bei dem sich das Wasser durch die gesamte Struktur bewegen kann, als würde die Falle durchspült. Unter diesen Bedingungen kann sich keine Lagerstätte bilden, und eine bereits bestehende wird wieder zerstört. Solche wasserführenden ausgewaschenen Antiklinalstrukturen findet man z. B. am westlichen Abhang des Urals. Wo sich die gebildeten Erdöl- und Erdgaslager erhalten haben, werden sie von Wasser umflossen; dabei treten aber auch stagnierende Zonen auf, in denen keinerlei Wasserbewegung stattfindet.

Ein ausgeglichenes Relief der Plattformgebiete, das Fehlen von Wassereinzugsbecken und Gebieten mit Druckabfall ergeben die Möglichkeit zur Bildung von Erdöl- und Gaslagern an flachgeneigten Strukturen. In Plattformgebieten, in denen der Druckabfall pro Längeneinheit nur sehr gering ist, können unbedeutende Flexuren, die Verringerung der Durchlässigkeit, die Veränderung der Petrographie usw. die Lagerstättenbildung zur Folge haben.

In Geosynklinalen, in denen die Schichtwässer große Strömungsgeschwindigkeiten besitzen, können sich Erdöllager nur beim Vorhandensein von abschüssigen Fallen bilden. Das Auftreten von geneigten Grenzschichten zwischen Erdöl und Wasser läßt immer eine aktive Bewegung des Wassers vermuten.

Interessant ist, daß sich in Faltungsgebieten Gaslager nicht nur an steilen, sondern auch an flach geneigten Strukturen bildeten; z. B. in Kobystan (Aserbaidshan), am Außenrand der Vorgebirgssenke der Karpaten usw. Das Gas, das infolge des geringen spezifischen Gewichtes einen bedeutend größeren Auftrieb besitzt, kann sich in Fallen sammeln, in denen eine Erdölspeicherung unmöglich ist.

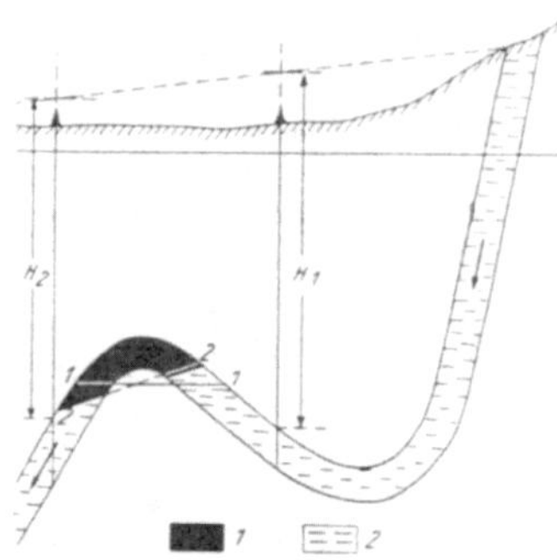

Abb. 6. Schema eines artesischen Beckens
1 — Erdöl, 2 — Wasser

Alle dargelegten Erwägungen über das Wesen der Lagerung von Gas, Erdöl und Wasser sind nur für bestimmte physikalische Verhältnisse gerechtfertigt, und zwar für verhältnismäßig geringe Lagerstättentemperaturen, bei denen die spezifischen Gewichte, die Viskosität und die Oberflächenspannung von Gas, Erdöl und Wasser sehr unterschiedlich sind. Da die Bohrungen immer größere Teufen erreichen, treffen auch die Erdölfachleute immer höhere Drücke und Temperaturen an. So liegt z. B. die Temperatur in den Schichten der Unteren Kreide der Lagerstätte von Osek-Suat (Nordkaukasus) und in einer Lagerstätte des Naftalansker Bezirkes in Aserbaidshan um 150°C, in der Bohrung Nr. 8 des Tschaklowsker Aufschlußfeldes (Nordkaukasus) in 3970 m Teufe bei 190°C. In der Lagerstätte von Lacq beträgt die Lagerstättentemperatur in ungefähr 4800 m Teufe 140°C und der Anfangsdruck der Schicht 670 at.

Druck und spezifisches Gewicht sind die beiden Hauptparameter, die die Verteilung von Erdöl und Gas in der

Falle bestimmen. Während der Druck das spezifische Gewicht von Erdöl und Gas nur unbedeutend beeinflußt, verändert andererseits die Temperatur die physikalischen Eigenschaften des Erdöls und des Gases wesentlich.

Leider wurde bisher die Veränderung der Eigenschaften von Erdöl und Wasser bei so hohen Temperaturen und Drücken nicht besonders untersucht. Es kann daher nur dargelegt werden, wie sich das spezifische Gewicht und die Viskosität veränderte. Das spezifische Gewicht des Erdöls verringert sich z. B. nicht auf Grund der Wärmeausdehnung, sondern auch auf Grund des gegelösten Gases, während sich das spezifische Gewicht des Wassers vorwiegend infolge der Wärmeausdehnung verringern wird. So hat z. B. die Viskosität einer bestimmten Erdölprobe lediglich durch das in ihr gelöste Gas um 58% abgenommen; die Oberflächenspannung nahm bei einem Druck von 112 at um 84% ab. Ein entgastes Erdöl, das bei atmosphärischem Druck und bei 15,5°C ein spezifisches Gewicht von 0,80 g/cm³ besitzt, wird bei einer Temperatur von 150°C ein spezifisches Gewicht von 0,69 g/cm³ haben.

Bei einer Verminderung der Viskosität und des spezifischen Gewichtes von Erdöl und Wasser darf man zwischen beiden keine so scharf hervortretenden Grenzflächen erwarten, wie es bei verhältnismäßig niedrigen Temperaturen der Fall ist. Die Übergangszonen von den Schichten, aus denen man ein wasserfreies Erdöl gewinnen kann, bis zu den Schichten, aus denen nur noch Wasser gefördert wird, können sehr bedeutend sein. Der Unterschied in der Phasendurchlässigkeit für Erdöl und für Wasser ist verhältnismäßig gering. Daher muß unter diesen Verhältnissen die gemeinsame Lagerung von Erdöl und Wasser als normal angesehen werden, wie auch bei der Erdölförderung mit einer größeren Menge an Schichtenwasser zu rechnen ist. Es handelt sich dabei um freies Wasser, das das Erdöl infolge des Unterschieds im spezifischen Gewicht nicht in tiefere Teile der Lagerstätte verdrängen konnte.

Das freie Wasser, das dem Erdöl angelagert ist, bedingt oft eine eigenartige Bewertung solcher Lager bei der Erkundung, da der Koeffizient der Erdölsättigung nur gering sein kann und die Größen der scheinbaren Widerstände für die Übergangszonen am Wasser/Erdöl-Kontakt normaler Lager kennzeichnend sind.

Noch schwieriger zu beurteilen sind die Gas- und Erdölzonen bei hohen Temperaturen und Drücken, da die physikalischen Eigenschaften von Erdöl und Gas bei hohen Temperaturen und Drücken relativ wenig erforscht sind.

Da die Dichte des Gases mit dem Druck zunimmt und die Dichte des Erdöls auf Kosten des aufgelösten Gases abnimmt, werden beide Dichten bei Drücken um 340 bis 400 at ungefähr gleich sein, und Viskosität, Oberflächenspannungen und die Kompressibilität werden so nahe beieinander liegen, daß das Erdöl nur schwer vom Gas zu unterscheiden sein wird. Die Gaskappe über einer Erdöllagerstätte kann daher bei Drücken, die geringer als 340 at sind, bedeutende Mengen an schwereren Kohlenwasserstoffen enthalten. Ein Teil des Erdöls löst sich im Gas auf, und es kann der Eindruck entstehen, daß man eine Gaskondensatlagerstätte angetroffen hat, während es sich um eine normale Gaskappe einer Erdöllagerstätte handelt, die bei hohen Temperaturen und Drücken gebildet wurde.

Zu akzeptieren ist auch die Schlußfolgerung von W. L. Russell, daß im Gas reiner Gaslager keine merklichen Mengen an schwereren Kohlenwasserstoffen auftreten.

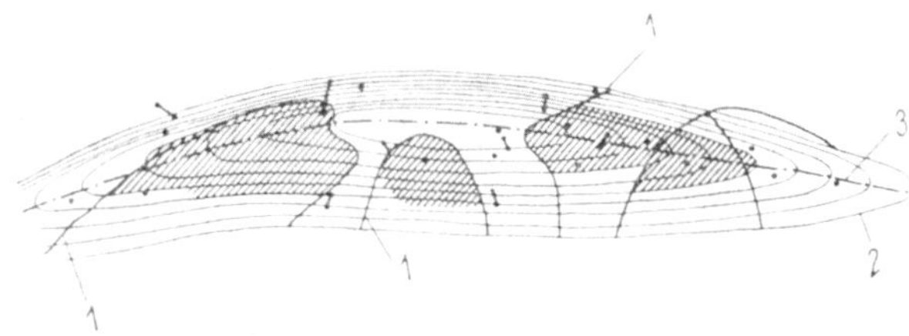


Abb. 7. Strukturkarte des Hangenden der Folge „c" des Tscherkansker Horizonts der Machatsch-Kalinsker Brachyantiklinale

1 – Grenzen der Folge „c", 2 – Isohypsen im Hangenden der Folge, 3 – Faltenachse

Das Vorhandensein der Benzin- und Petroleumfraktionen und der schweren Komponenten kann als Hinweis dafür dienen, daß ein angetroffenes Gaslager die Gaskappe einer Erdölschicht ist. So sind nach Angaben von G. G. Aschunow & S. W. Weluew in einem aus Bohrungen auf der Insel Pestschanowa (Apscheron-Halbinsel) gewonnenen Kondensat 47% Benzin, 40,3% Petroleum und 2% Harze enthalten. Das Kondensat der Lagerstätte Kara-Dag (Apscheron-Halbinsel) enthält 36–45% Benzin, 40–53% Petroleum und 1,0–1,8% Harze. Beide Male stammten aber die Proben aus Gaskappen von Erdöllagerstätten und nicht aus Kondensatlagern.

## 2. Die Verteilung von Erdöl und Erdgas in einer ungleichartigen Schicht

Unter einer ungleichartigen Erdöl und Erdgas führenden Schicht ist eine Schicht zu verstehen, die innerhalb des Lagers unterschiedliche Speichergesteinseigenschaften aufweist. Es handelt sich also um eine Folge von Schichten, die alle die Eigenschaften von Speichergesteinen besitzen und die nur geringmächtige undurchlässige Zwischenschichten enthalten. Unter 1. wurden einige Fragen der Erdöl- und Wassersättigung solcher Schichten behandelt. Wenn man unter einer Schicht ein poröses Speichergestein versteht, das sowohl im Hangenden als auch im Liegenden von undurchlässigen Gesteinen begrenzt ist, so kann nur die petrographische Beschaffenheit Unterschiede hervorrufen. Porosität und Permeabilität solcher Schichten, obwohl sie sich ebenfalls verändern können, sind nicht entscheidend für die Verteilung von Gas, Erdöl und Wasser.

Die Erdölsättigung der Zwischenschichten zeigt aber im allgemeinen, obwohl sie von der petrographischen Beschaffenheit, der Porosität, der Permeabilität usw. abhängt, normalerweise keinen großen Unterschied; vorausgesetzt natürlich, daß keine erheblichen Differenzen bei den die Verteilung von Gas, Erdöl und Wasser bestimmenden Faktoren auftreten.

Dagegen kann sich ein geringer Unterschied in den Speichergesteinseigenschaften, der von unwesentlichem Einfluß auf die Gas-, Erdöl- und Wasserverteilung ist, bei der Erdölabgabe in Aufschlußbohrungen erheblich auswirken. So kann z. B. bei einem Wasserdruckregime mit aktiven Randwässern das Wasser durch die durchlässigsten Zwischenschichten bedeutend früher zu den Bohrlochsohlen der Produktionsbohrungen vordringen.

Unterschiede in der Permeabilität einzelner Zwischenschichten können die Bildung von Sohlenwasser hervorrufen. Wenn im Liegenden einer Schicht eine gut durchlässige Gesteinspartie auftritt und der Druckabfall des sich bewegenden Wassers bedeutend ist, so kann eine

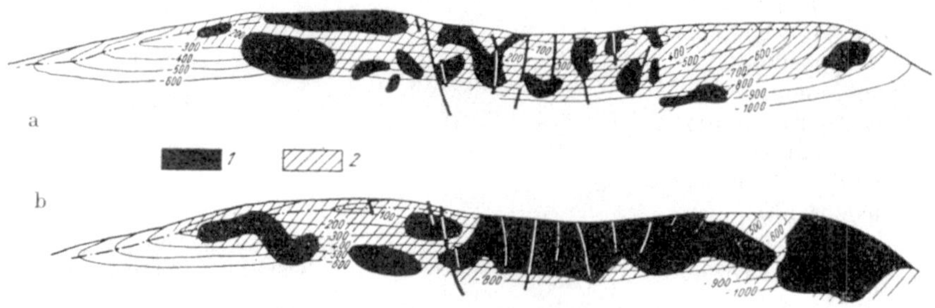

Abb 8. Starogrosnensker Erdöllagerstätte
a) Erdöllager X, b) Erdöllager XIII
1 – Felder mit wirtschaftlicher Erdölsättigung.
2 – Felder ohne wirtschaftliche Erdölsättigung

von den Schichten durchspült werden. Eventuell läßt sich daraus auch das Vorkommen wasserführender Schichten inmitten der erdölführenden Schichten erklären. Aber die Wasserzirkulation in den Schichten stellt nicht die einzige Ursache der Bildung von wasserführenden Schichten inmitten der erdölführenden Schichten dar. Der wesentlichste Faktor, der die ungleichmäßige Erdölsättigung bedingt, ist die Veränderung der petrographischen Zusammensetzung.

Abb. 7 zeigt eine Strukturkarte des Hangenden der Folge „c" des Tscherkansker Horizonts der Machatsch-Kalinsker Brachyantiklinale.

Die hauptsächlich erdölführenden Schichten der Machatsch-Kalinsker Falle gehören zu den sandigen Zwischenschichten des tonigen Schichtenpakets „c" und zu den sandigen Schichtenpaketen „d". Aus dieser Strukturkarte ist ersichtlich, daß die Verteilung und der Grad der Erdölsättigung mit der Ausdehnung der Gesteine, die unterschiedliche Speichergesteinseigenschaften besitzen, zusammenhängen.

In Abb. 8a ist die Karte der Verteilung der fördernden und nichtfördernden Felder der X. Schicht der Tschokrasker Ablagerungen der Starogrosnensker Erdöllagerstätte dargestellt. Abb. 8b zeigt eine gleiche Karte der XIII. Schicht. Auf beiden Karten wechseln sich die wirtschaftlich erdölführenden Felder mit den Feldern schwacher Erdölsättigung ab, was durch die Veränderung der Speichergesteinseigenschaften der Schichten bedingt ist. In Schichten, die aus schwach durchlässigen Gesteinen bestehen, in denen jedoch Klüfte auftreten, die als Migrationswege dienen können, ist die maximale Erdölsättigung normalerweise an Schichtenzonen gebunden, die tektonischen Störzonen anliegen, z. B. in Borislaw (Ukrainische SSR).

**Zusammenfassung**

Nach der Definition des Begriffes gleichartige und ungleichartige Speicherschicht werden die eine Verteilung von Erdöl und Erdgas in den Lagerstätten bestimmenden Faktoren dargelegt. Weiterhin werden die Möglichkeiten der Bildung einer Gaskappe sowie die Gründe für das Auftreten von Übergangszonen zwischen erdöl- und gasführenden Schichten erläutert.

**Резюме**

После определения понятий „однородный" и „неоднородный" коллектор излагаются факторы, контролирующие распределение нефти и газа в месторождениях. Кроме того, обьясняются возможности образования газовой шапки, а также причины для появления переходных зон между нефтеносными и газоносными пластами

**Summary**

After a definition of the terms homogeneous and heterogeneous reservoir stratum factors determining petroleum and natural gas distribution in deposits are explained. In addition, possibilities of gas cap formation as well as reasons for the appearance of transition zones between petroleum and natural gas bearing strata are illustrated.

## Literatur

ABRAMOWITSCH, M. W. Arbeiten des geologischen Instituts der Aserbaidshanischen Zweigstelle der Akademie der Wissenschaften. – 19, 4, (1939), 20 (1941).

JONES, P. J. Mechanik der Erdölschicht. – Gostoptechisdat, Moskau 1947, (Übers. aus dem Engl.).

KREJCI-GRAF, K. Hauptfragen der Erdölgeologie. – Gostoptechisdat, Moskau 1934.

RUSSELL, W. L. Prinziples of Petroleum Geology – McGraw-Hill Book Company, Inc., 1951.

# Mikronaphtha

N. B WASSOJEWITSCH, Leningrad

Im folgenden Beitrag referiert zunächst RACHU SALLUM, Gotha, die in den Abhandlungen des WNIGRI auf dem Gebiet der Erdölgeologie, 1959, H. 132, erschienene Arbeit „Mikronaphta" von N. B. WASSOJEWITSCH. Anschließend nimmt ERICH LANGE, Berlin, zu den behandelten Problemen Stellung

Die Redaktion

In der unter dem Titel „Mikronaphtha" erschienenen Arbeit untersucht WASSOJEWITSCH das Problem der Erdölentstehung. Er kommt zu der Schlußfolgerung, daß die Entstehung von Mikronaphtha eine gesetzmäßige Begleiterscheinung der Fossilisation der organischen Substanz darstellt:

„In allen subaquatisch entstandenen Sedimentgesteinen, die organische Substanz beliebiger Natur enthalten, bilden sich stets bituminöse Verbindungen, die zwangsläufig Mikronaphtha (Erdöl-Kohlenwasserstoffe und einige andere organische Verbindungen) enthalten und unter bestimmten geologischen Bedingungen auf dem Wege der Akkumulation Erdöl erzeugen."

Anhand von zahlreichen Beispielen wird nachgewiesen, daß Kohlenwasserstoffe in allen Formationen bis hinab zum Archaikum auftreten.

Weiterhin wird Stellung genommen zu den drei wichtigsten Argumenten der Gegner der Mikronaphtha-Hypothese:

1) Die dispers in den Sedimentgesteinen auftretenden Kohlenwasserstoffe stehen in keiner Beziehung zum Erdöl,

2) ihre absolute Menge ist nicht ausreichend, um auf sie die Entstehung der Erdölvorräte zurückzuführen,

3) ihr Mengenanteil (ihre Konzentration) an den Gesteinen ist so gering, daß sie aus diesen nicht migrieren können.

Das erste Argument entfällt, weil heute niemand mehr auch nur halbwegs begründete und prinzipielle Unterschiede zwischen dem ausgereiften Mikronaphtha und dem Erdöl aufzeigen kann; gewisse Unterschiede erklären sich durch nicht ausgereiftes Mikronaphtha oder durch den Charakter von Restmikronaphtha (nach Abwanderung der leichtbeweglichen Komponenten). Die Theorie verlangt ja auch keine völlige Übereinstimmung zwischen Mikronaphtha und Erdöl, sondern nur ihre chemische Ähnlichkeit und genetische Verwandtschaft.

Das zweite Gegenargument entfällt ebenfalls, da die Gesamtmenge der in der Lithosphäre dispers verteilten Kohlenwasserstoffe annähernd $10^{13}$ t beträgt.

Das dritte Argument ist gleichfalls hinfällig; denn die Löslichkeit von Erdöl in Gasen wurde experimentell nachgewiesen und kann in zahlreichen Lagerstätten beobachtet werden. Die Migration von Erdöl-Erdgas-Systemen setzt Drücke und Temperaturen voraus, die bei einer Einbettungsteufe von 1600—2000 m gegeben sind.

Versucht wird eine kurze, genetische Definition des Begriffes Erdöl:

„Das Erdöl stellt eine Akkumulation in der Lithosphäre weit verbreiteter und ursprünglich diffus verteilter, vorzugsweise hydrophober Fossilisationsprodukte dar, die während der verschiedenen Stadien der Lithogenese, in der Hauptsache während der Katagenese, entstanden und sich veränderten."

In einer Tabelle sind die Etappen der Entwicklung des Erdölmuttergesteins in Abhängigkeit von der Lithogenese dargestellt. Angeführt werden das vergleichbare Stadium der Inkohlung, Dauer einer Etappe, Einbettungsteufe, Charakteristik der Erdölmuttergesteine, die wichtigsten Prozesse der Entstehung und Umbildung der Mikronaphtha-Komponenten, Migration der flüchtigen Komponenten der organischen Substanz und ihrer Zerfallsprodukte.

Abschließend verweist der Verfasser darauf, daß

„der weit verbreiteten und fast universellen Entstehung des Mikronaphtha (in Sedimentgesteinen mit einem Gehalt an organischen Substanzen) keine gleiche Universalität der Erdölentstehung entspricht, obwohl dieser letztgenannte Vorgang ebenfalls regionalen Charakter besitzt. Die Fähigkeit der Gesteine, Erdöl zu erzeugen, wird einerseits durch die inneren Faktoren (Gehalt an Mikronaphtha und Fähigkeit der Gesteine, dieses abzugeben) und andererseits durch die äußeren Faktoren (Verhältnis Muttergestein zu Speichergestein; Druck und Temperatur, die die Gasentwicklung begünstigen; Reifegrad des Mikronaphtha) bestimmt. Die Erdölentstehung erfolgt nur bei günstigem Zusammenwirken der endogenen (potentiellen) und exogenen Faktoren (Milieu)."

Rachu Sallum

*

Schon im Jg. 4 (1958) unserer Zeitschrift hatte N. B. Wassojewitsch einmal zum Problem der Erdölgenese und der Mikronaphthabildung Stellung genommen. Die ablehnende Stellungnahme von Krejci-Graf (1959) zu der ausschlaggebenden These der Arbeit von Wassojewitsch macht eine Erwiderung und Klarstellung unsererseits notwendig.

Der Kernpunkt, in dem die Ansichten von Wassojewitsch, Brod (1960), Levorsen (1954) und vielen anderen fortschrittlichen Forschern übereinstimmen, ist der, daß sich Erdöl und Erdgas genauso wie Steinkohle und Anthrazit in tieferen Stockwerken der Erdkruste infolge des durch Metamorphose bedingten Bildungsprozesses der Sedimentgesteine bildeten. Besonders klar und eindeutig hat Wassojewitsch die Ansicht abgelehnt, daß besondere und selten auftretende fazielle Vorbedingungen die Voraussetzung für das Entstehen von Erdöl und Erdgas bildeten. Somit wird auch bestritten, daß die Akkumulation von Erdöl und Erdgas auf bestimmte, durch das Auftreten besonderer Typen von Muttergesteinen prädestinierten Gebietsteilen oder Becken der Erdkruste beschränkt sei. Während wir, als Gegner der Krejci-Grafschen Theorien, der Ansicht sind, daß es darauf ankommt, in j e d e m Sedimentärbecken mit mächtigeren Sedimentpaketen Erdöl- und Erdgasakkumulationen in Fallen zu suchen, führt die Darstellung Krejci-Grafs, der auch einige unserer Erdölgeologen zum Opfer gefallen sind, dazu, sich bei der Vorerkundung vorwiegend auf das Suchen nach sapropelhaltigen oder ähnlichen bituminösen Muttergesteinen zu konzentrieren. Solche Kollegen lehnen es selbst bei nichtmetamorphen Schichtpaketen von einigen 1000 m Mächtigkeit häufig ab, Erkundungsbohrungen anzusetzen, da ihrer Ansicht nach das betreffende Becken wegen des „Fehlens von geeigneten Muttergesteinen" keine Vorbedingungen für eine etwaige Erdöl- bzw. Erdgashöffigkeit besitzen könne.

Infolge der großen Erfolge, die die Suche nach Erdöl und Erdgas im letzten Jahrzehnt durch das Eindringen in immer größere Tiefen erzielt hat, erscheint es mir wichtig, unserere Forschungsmethoden den neu gewonnenen Erkenntnissen voll anzupassen. Statt von oben her, also von der Erdoberfläche aus, wo die Mikronaphthabildung beginnt, müssen wir die Erdölgenese von unten her, also von der regionalmetamorphen Front aus, betrachten lernen. Es steht doch eindeutig fest, daß die Basis j e d e s erdöl- und erdgasführenden Beckens der metamorph-kristalline Sockel ist. Er ist, von wenigen tektonisch bedingten Ausnahmen lokaler Natur abgesehen, frei von Erdöl- und Erdgasansammlungen. Dagegen enthält der Sockel in seinen umgewandelten Sedimenten der Kata-, Meso- und Epizone als am weitestgehend metamorphosierte organische Reste Graphit in Schuppen, Putzen und Flözen. Diese hochmetamorphen Gesteine waren Temperaturen von über 600°C und Drücken von Tausenden von Atmosphären ausgesetzt. Es ist völlig klar, daß bei einer derartigen geochemischen Situation, die an die Verhältnisse in einem Druckgasgenerator erinnert, alle flüchtigen Bestandteile, die die einstmals an der Erdoberfläche sedimentierte organische Substanz enthielt, aus ihr ausgetrieben worden sind.

In dem Stockwerk, das etwa von 600 bis 300°C reicht und das entsprechende Drücke aufweist, treten neben Graphitschüppchen noch Anthrazitstäube und Anthraxolite auf; im Stockwerk darüber, etwa von 300 bis 150°C, in dem der bekannte Inkohlungssprung mit seiner starken Methanentwicklung stattfindet, hat sich die Glanzbraunkohle in Steinkohle umgewandelt und der Hauptteil des Mikronaphthas gebildet. Dieses migriert infolge tektonischer Senkungs- und Faltungsvorgänge vorwiegend als Naßgas aus seinen Muttergesteinen und entspannt sich in höheren Lagen zu den klassischen Erdöl-, Erdgas- oder Gaskappenlagerstätten.

Welche praktische Bedeutung hat die vorgeschlagene Betrachtungsweise, nämlich die gemeinsame Genese von Erdöl und Erdgas von der Front der Regionalmetamorphose aus zu sehen?

1. Sie bringt die Erkenntnis, daß die Vorräte an Naßgasen (kondensathaltigen Gasen in überkritischem Zustand) bedeutend größer sein müssen als die Vorräte an entspanntem Rohöl und Erdgas in den oberen Stockwerken der Erdkruste.

2. Mikronaphthabildung hat in jedem, organische Reste einschließenden Sediment stattgefunden und führte, sobald das dispers verteilte Mikronaphtha unter die 2000-m-Grenze versenkt wurde, zu größeren Migrations- und Akkumulationsvorgängen.

3. Die Genese von Naßgas ist ein normaler Teilprozeß der sich in der Tiefe vollziehenden Metamorphose (einschließlich Diagenese = gelinde Metamorphose), so daß über der Front der regionalen Katametamorphose ein höher liegender Erdöl/Erdgas-Entstehungsraum dort lagert, wo Sedimentpakete von Tausenden von Metern Mächtigkeit in seinem Hangenden vorhanden sind.

4. Erdöl- und Erdgasakkumulationen sind in jedem Senkungsbecken mit mächtiger Sedimentausfüllung zu erwarten, soweit nicht durch Kontaktmetamorphose, starke tektonische Faltung oder Zerrüttung seine flüssigen und gasförmigen Kohlenwasserstoffe bereits in die Atmosphäre entweichen konnten.

5. Die Theorie, Erdöl sei „auf bestimmte Flecken und Bänder beschränkt" (KREJCI-GRAF 1959, S. 707), würde praktisch bedeuten, daß für die Sucharbeiten vorwiegend die älteren Felder, aus denen die Erdölkonzerne seit langem Profite ziehen, in Betracht kommen. Diese ökonomisch bedingte Theorie ist als geologische Hypothese kaum brauchbar.

6. Größere Senkungsgebiete, die sich häufig an der heutigen Erdoberfläche als Tiefebenen, Wüsten oder submarine Schelfe zu erkennen geben, sind ebenso wie die Gebirgsvorländer, falls nicht einwandfrei nachgewiesene gegenteilige geologische, geophysikalische und geochemische Beobachtungen vorliegen, als höffige Erdöl- und Erdgasgebiete zu werten.

WASSOJEWITSCH (1959, S. 514) verneint, daß bestimmte fazielle Bedingungen die Voraussetzung zur Erdöl- und Erdgasbildung seien:

„Die Kohlenwasserstoffe entstehen in allen Stadien der Lithogenese, von der Sedimentogenese bis zur Katagenese (Vormetamorphose) aus bestimmten Komponenten der organischen Substanz ...".

Konträr hierzu steht die Behauptung von KREJCI-GRAF:

„Wir können uns nicht einverstanden erklären mit der These, wonach keine besonderen faziellen Bedingungen für die Erdölbildung notwendig sind; ebensowenig mit dem Satz von LEVORSEN: 'The widespread occurence of petroleum through nearly all geologic ages and nearly all kinds of sediments indicates not an origin that is unusual.' (Verf.: Das weitverbreitete Vorkommen von Erdöl und Erdgas in fast allen geologischen Zeiten und in fast allen Sedimenttypen weist nicht auf einen außergewöhnlichen Ursprung hin.)"

Ebenso deutlich wie LEVORSEN haben sich die Holländer VAN NES & VAN WESTEN (1951, S. 15), die beide im Shellkonzern tätig waren, ausgedrückt (ins Deutsche übertragen v. Verf.):

„Erdöl wird an zahlreichen Stellen der Erdkruste, und zwar oft in großen Mengen, gefunden. Es ist daher die Annahme nicht berechtigt, daß Ölakkumulationen die Folge des besonderen Zusammentreffens einer ganzen Reihe von unwahrscheinlichen Naturprozessen sind; genauso wie die Kohlenbildung müßte auch die Erdölgenese demgegenüber eher einen einfachen natürlichen Prozeß darstellen. Wir müssen annehmen, daß sich selbst heute noch Prozesse, die zur Bildung von Erdöl führen, in verschiedenen Gebieten der Erde abwickeln."

Um solche Ansichten amerikanischer, sowjetischer, holländischer und anderer Geologen abzuwehren, meint KREJCI-GRAF (1959, S. 710):

„Aus dem Gesichtswinkel der UdSSR und der USA mit ihren vielen und reichen Erdöllagerstätten sehen die Verhältnisse wohl etwas anders aus, als vom Standpunkt anderer, ärmerer Länder."

Das ist eine mehr als sonderbare geologische Argumentation. Sie ist schon durch die Ansicht der beiden zitierten holländischen Kollegen widerlegt; denn Holland ist im Verhältnis zu den USA und der UdSSR entschieden ein kleines und erdölarmes Land. In die Kategorie der erdölarmen Länder gehörte bisher auch Westdeutschland. Trotzdem kam A. BENTZ unter Würdigung der amerikanischen Mikronapthauntersuchungen zu der KREJCI-GRAF widersprechenden Feststellung:

„Die angeführten Argumente bekommen unter regionalem Blickwinkel ein besonderes Gesicht, da sie an weiteren erdölgeologisch noch unerschlossenen Stellen der Welt das Auffinden von neuen Ölfeldern wahrscheinlich machen." [„Erdöl und Kohle", Jg. 11, S. 760 (1958)].

Sonderbar mutet auch die Frage KREJCI-GRAFs an, warum

„nicht alle günstigen Strukturen Erdöl führen und warum selbst in erdölführenden Strukturen die Erdölführung nicht sämtliche Speichergesteine umfaßt".

Es sind tektonische Vorgänge, weiträumige Migrationen und häufige Wechsel in der Gesteinsbeschaffenheit (fazielle Unterschiede, verschiedene Porosität und Permeabilität, Klüftigkeit usw.), die Erdöl und Erdgas in gewisse Schichten der Strukturen leiten und aus anderen fernhalten. Es scheint einer der Hauptfehler in der Betrachtungsweise KREJCI-GRAFs zu sein, daß er einige geochemische Elemente der Erdölgenese zu einseitig betont und dabei in auffallender Weise Geotektonik, Migration, Petrographie und metamorphe bzw. gesteinsbildende Einwirkungen vernachlässigt.

Man kann die Bildung von Erdöl- und Erdgasakkumulationen nur verstehen, wenn man für die zunächst entstandenen Kondensatgase weite Migrationswege annimmt, die lediglich an der metamorph-kristallinen Begrenzung der einzelnen Becken ihr Ende gefunden haben, falls sie nicht während dieser Migration in Fallen eingefangen und festgehalten wurden. Auf diesen weiten Wegen kommen die mit Salzlaugen, Kohlensäure, Schwefelwasserstoff, Stickstoff usw. wandernden Kohlenwasserstoffe mit so vielen unter hohem Druck und hohen Temperaturen stehenden verschiedenartigsten Gesteinskomponenten in Berührung, daß die Methode von KREJCI-GRAF, mit Hilfe von im Rohöl auftretenden Spurenelementen Rückschlüsse auf das ursprüngliche Muttergestein des Mikronaphtha zu ziehen, als äußerst fragwürdig erscheinen muß; denn wenn die Schlußfolgerung KREJCI-GRAFs richtig wäre, dann dürften die heute akkumulierten Erdöle und Erdgase während ihrer Millionen von Jahren dauernden Migration in den unteren Stockwerken der Erdkruste keine Reaktionen mit den durchwanderten Gesteinen eingegangen sein. Man muß daher den folgenden von KREJCI-GRAF (S. 806) vorgeschlagenen Weg als ungangbar ablehnen:

„Ein Weg zur Lösung des Problems der Herkunft des Erdöls besteht darin, die Öle zu untersuchen auf mechanische Verunreinigungen, die sie aus dem Muttergestein oder bei der Wanderung aufgenommen haben."

Dieser Weg kann nur ein Irrweg sein; denn was nützt für die Erklärung der Genese eines bestimmten Erdöls die Feststellung von Verunreinigungen, deren Herkunftsort, Muttergestein oder durchwanderte Gesteine man nicht eindeutig feststellen kann? Damit ist der ganze Aufwand des in Einzelheiten natürlich recht interessanten Beitrages von KREJCI-GRAF eigentlich nutzlos vertan.

Man ist nach dem Studium seines Aufsatzes in bezug auf die Erdölgenese genauso klug wie zuvor.

Wir möchten daher unseren Lesern raten, dem Weg zu folgen, den ihnen an so vielen Stellen unserer Zeitschrift LEVORSEN, BROD, WASSOJEWITSCH und viele andere gezeigt haben; denn für den Geologen ist immer der Weg der richtige, der ihn zu praktischen Erfolgen führt.

Organische Substanz, unbewegliches und dispers verteiltes Mikronaphtha, Erdölentstehungsraum, Migration der Naßgase, ihre Entspannung in Erdöl und Trockengas (Methan) und ihre endgültige Akkumalation — das sind die Meilensteine an dem Forschungspfad, den wir zu begehen haben. Als Leitschnur kann uns hierbei BRODS (1960) Ausspruch gelten:

,,Die Bildung von Erdöl- und Erdgaslagerstätten kann nur in einer hydrochemischen und hydrodynamischen Situation vonstatten gehen, die für den Übergang der Kohlenwasserstoffe aus dem dispersen Zustand in Erdöl günstig ist.''

Für KREJCI-GRAF aber bedeuten derartige Feststellungen das Ende jeder Forschung.

,,Wenn man heute annehmen will, daß sich Erdöl in allen Gesteinen bildet, so hat man damit zwar die Frage nach den Entstehungsbedingungen des Erdöls und seiner Lagerstätten abgeschafft, dafür aber die — jedenfalls von der Praxis zu stellende — Frage neu aufgeworfen, warum sich denn nicht in allen Speichergesteinen aller günstigen Strukturen Erdöllagerstätten finden. Solange diese Frage nicht beantwortet werden kann, möge man es gestatten, weiter nach anderen Zusammenhängen zu forschen'' (BORCHERT & KREJCI-GRAF 1959, S. 213).

Jeder Forschungsweg, auch der scheinbar abwegigste, soll beschritten werden. Auch die Forschungsmethode KREJCI-GRAFS führt zu wichtigen Einzelergebnissen, die nicht unterschätzt werden sollen; aber für die praktische Erdölsuche ist sie wegen der starken Vernachlässigung geotektonischer Vorgänge und der von diesen abhängigen Bildung dispersen Mikronaphthas und migrierender Erdöle und Erdgase wenig brauchbar, führt zu Irrschlüssen und hemmt die klare Erkenntnis.

Wertvoll ist dagegen das Studium der Vorträge, die auf der Erdöltagung, die im Oktober 1958 in Moskau stattfand, gehalten und nunmehr in einem Sammelband von der sowjetischen Akademie der Wissenschaften Anfang 1960 herausgegeben wurden (vergl. E. KAUTZSCH 1959). Dieses Buch birgt eine Fülle von Material über die Entstehung und Migration des Erdöls und seine Akkumulation zu Lagerstätten. Das gleiche Bestreben, die Erdölgenese zu klären, zeigt sich in den USA, wo sich kurzlich in Anlehnung an die Geochemische Gesellschaft eine Forschungsgruppe für organische Geochemie bildete, die in Zusammenarbeit mit der Gesellschaft der amerikanischen Erdölgeologen tätig sein wird. In dieser Gruppe werden zur Klärung der Erdölgenese miteinander vereinigt sein: Erdölchemiker, Erdölgeologen, Tonmineralogen, Erdölingenieure, Bakteriologen, Ozeanographen, Kohlenchemiker und Bodenkundler.

Unserer Meinung nach sollten in solchen Arbeitskreisen Geotektoniker, Petrographen (zur Feststellung der Gesteinsumwandlungsprozesse in tieferen Stockwerken), Spezialisten der Untersuchung von Metamorphose, Migration und Mikronaphtha, Lumineszenzanalytiker und Vertreter zahlreicher anderer Spezialgebiete nicht fehlen. Eine derartige sozialistisch orientierte Forschungsgemeinschaft, die sich nach Möglichkeit aus Vertretern der UdSSR, der europäischen und asiatischen Volksdemokratien und der unabhängig gewordenen afrikanischen Republiken zusammensetzen sollte, wird exakte wissenschaftliche Ergebnisse auf dem Gebiet des Mikronaphthas und der Erdöl- und Erdgasgenese erbringen können und damit gleichzeitig bei uns eindringende, die Entwicklung hemmende Einflüsse und Theorien abwehren. Mikronaphthabildung, Erdöl- und Erdgasgenese sowie Akkumulation von Erdöl- und Erdgaslagerstätten müßten die Kristallisationspunkte einer solchen Forschungstätigkeit sein.

ERICH LANGE

**Zusammenfassung**

WASSOJEWITSCH kam in seiner Arbeit ,,Mikronaphtha'', die im ersten Teil dieses Beitrages referiert wird, zu dem Schluß, daß die Entstehung des Mikronaphthas eine gesetzmäßige Begleiterscheinung der Fossilisation organischer Substanzen darstellt. Im zweiten Teil des Beitrages wendet sich E. LANGE gegen KREJCI-GRAF, der eine Ansicht von WASSOJEWITSCH in Zweifel zog und die Meinung vertritt, daß eine Erdölbildung aus Mikronaphtha nur dort stattfinden könne, wo sapropelhaltige oder ähnliche stark bituminöse Gesteine nachweisbar sind.

**Резюме**

В своей работе ,,МИКРОНЕФТЬ,'' о которой сообщается в первой части настоящей статьи, ВАССОЕВИЧ пришел к выводу, что происхождение микронефти является закономерным сопутствующим явлением фоссилизации органического вещества. Во второй части статьи Э. ЛАНГЕ возражает КРЕЙЧИ-ГРАФУ, поставившему под сомнение это мнение ВАССОЕВИЧА, и принимает, что образование нефти может происходить только там, где можно доказать сапропелоносные или подобные сильно битуминозные породы.

**Summary**

In his paper ,,Micronaphtha'' reported in the first part of this article, WASSOJEWITSCH came to the conclusion that the formation of micronaphtha represents a regular accompanying phenomenon of the fossilization of organic substance. In the second part E. LANGE turns against KREJCI-GRAF, who has doubts about the view of WASSOJEWITSCH and is of opinion that a formation of petroleum from micronaphtha could only take place, when sapropel-bearing or similar highly bituminous rocks are demonstrable

## Literatur

AUTOREN-KOLLEKTIV: Problema proischoshdenija nefti i gasa i uslowija formirowanija ich saleshej. — Akad. Nauk SSSR, Ministerstwo Geologii i Ochrana Nedr SSSR, Moskau 1960.

BORCHERT, H. & K. KREJCI-GRAF: Spurenmetalle in Sedimenten und ihren Derivaten. — Bergbauwissenschaften, **6**, S. 205–215 (1959).

BROD, I. O.: Die wesentlichsten Voraussetzungen für die Beurteilung der Perspektiven einer Erdöl-Erdgasführung. — Z. angew. Geol., **2**, S. 244–247 (1956).

— Diagnostische Anzeichen für die Bildung von Bitumen, Erdöl u. Erdgas. — Z. angew. Geol., **6**, S. 63–66 (1960).

KAUTZSCH, E.: Bericht über die Tagung zu Fragen der Erdölgenese in Moskau vom 20. bis 28. Oktober 1958. — Z. angew. Geol., **5**, S. 219–222 (1959).

KREJCI-GRAF, K.: Diagnostik des Erdöls. — Erdöl u. Kohle, **12**, S. 706–712, S. 805–815 (1959).

LANGE, E.: Zur Erdölgenese. — Z. angew. Geolog., **3**, S. 351–357 (1958).

LEVORSEN, H.: Geology of Petroleum. — San Francisco 1954, S. 514.

NES, H. VAN & H. A. VAN WESTEN: Aspects of the Constitution of Mineral Oils. — New York 1951.

WASSOJEWITSCH, N. B.: Die Migration des Erdöls. — Z. angew. Geol., **2**, S. 239–243 (1956).

— Probleme der Erdölgenese. — Z. angew. Geol., **4**, S. 512–515 (1958).

— Mikronaphtha. — Trudy WNIGRI, H. 132, 1959.

WEEKS, L. G.: Research in Organic Geochemistry. — Bull. Am. Ass. Petr. Geol., **44**, S. 499–500 (1960).

**Zeitschrift für angewandte Geologie (1960) Heft 10**



# Zur Festlegung der Konditionen für mineralische Rohstoffe[1)]

Beitrag zur Ausarbeitung einer Methodik für die DDR (2)

FRIEDRICH STAMMBERGER, Berlin

## 1. Vorbemerkung

Die Methodik der Festlegung der Konditionen für mineralische Rohstoffe muß bei uns vom ökonomischen Grundgesetz des Sozialismus ausgehen, das die Sicherung der maximalen Befriedigung der wachsenden materiellen und kulturellen Bedürfnisse der gesamten Gesellschaft durch ununterbrochenes Wachstum und stetige Vervollkommnung der sozialistischen Produktion auf der Basis der höchstentwickelten Technik vorsieht (Politische Ökonomie, S. 462).

Das ökonomische Grundgesetz bringt sowohl das Ziel der sozialistischen Produktion (Befriedigung der Bedürfnisse) als auch das Mittel zur Erreichung dieses Zieles (Erweiterung und Vervollkommnung der Produktion) zum Ausdruck.

Die Befriedigung der Bedürfnisse der Gesellschaft hängt vom Entwicklungsstand der Produktivkräfte und von den vorhandenen Ressourcen ab. Die ständig wachsenden Bedürfnisse machen eine ununterbrochene Steigerung der Produktion notwendig. Hierzu ist die vorrangige, d. h. relativ schnellere Entwicklung der Schwer- und Grundstoffindustrie, des Maschinenbaus und der Energiewirtschaft unerläßliche Voraussetzung. Ebenso unerläßlich ist die stetige Hebung des technischen Niveaus der Produktion und die Steigerung der Arbeitsproduktivität. Und schließlich ist die Proportionalität der Entwicklung der einzelnen Industriezweige zu sichern, wobei diese Proportionalität heute — im Zeichen der internationalen Zusammenarbeit und Spezialisierung der einzelnen sozialistischen Länder — bereits auf das ganze sozialistische Lager zu beziehen ist.

In der sozialistischen Planwirtschaft kann daher bei der Festlegung der Konditionen für mineralische Rohstoffe nicht von einem Einzelkriterium ausgegangen werden: Weder betrieblicher Gewinn, noch die Gestehungskosten, noch die Rückerstattung der Ausgaben für Abbau und Verarbeitung reichen, allein genommen, aus, um eine richtige Entscheidung zu finden.

Vorgeschlagene Formeln (in der sowjetischen und westlichen Fachliteratur) sind für uns unbrauchbar, da jede Formel im Grunde nur eine Unbekannte enthalten darf, die aus ihr zu bestimmen ist. Methodisch ist der Weg über Formeln unfruchtbar, weil in der sozialistischen Wirtschaft nicht ein Einzelkriterium, sondern eine Vielzahl einwirkender Faktoren zu beachten ist.

Hinzu kommt, daß die Antwort auf anscheinend einfache und eindeutige Forderungen — wie z. B. Deckung des Bedarfes — in Abhängigkeit von Umständen, die sich in Formeln nicht erfassen lassen, verschieden ist. Wenn für die Deckung des Bedarfs nur eine einzige Lagerstätte (Importmöglichkeiten seien ausgeschlossen) vorhanden ist, muß die Antwort anders lauten als bei der Möglichkeit, aus vielen vorhandenen Lagerstätten die besten für die Produktion auszuwählen. Wenn der betreffende Rohstoff durch andere ausreichend vorhandene ersetzt werden kann, ist die Antwort anders als dann, wenn ein solcher Ersatz nicht möglich oder unzweckmäßig ist. Wenn der betreffende Defizitrohstoff aus dem sozialistischen Ausland importiert werden kann, wird die Entscheidung wiederum anders ausfallen als dann, wenn ein solcher Import ausscheidet.

Eine ähnlich komplizierte Frage ist die des möglichst vollständigen Nutzungsgrades einer Lagerstätte. Lagerstätten sind natürliche Reichtümer des Volkes. Ihre möglichst vollständige Nutzung ist daher ein nicht nur von den Geologen gefordertes Ziel.

Selbst wenn diese Forderung hier nur unter dem Gesichtspunkt der wünschenswerten Verarbeitung von Erzen mit möglichst niedrigen Durchschnittsgehalten betrachtet wird — diese Forderung ist umfassender und damit bedeutend komplizierter[2)] —, kann die Lösung nicht allein dadurch gefunden werden, daß jener minimale Gehalt bestimmt wird, der noch über dem Metallgehalt der Aufbereitungsabgänge liegt [der sogen. „technische Minimalgehalt" (KAUTZSCH 1959, LEWIEN 1960)]. Die Aufgabe besteht vielmehr darin, festzulegen, um wieviel höher der Gehalt des Aufgabegutes sein muß, damit der gesamte Produktionsprozeß noch „wirtschaftlich vertretbar" ist.

Auch diese Festlegung ist nicht mit Hilfe einer der zahlreichen vorgeschlagenen Formeln zur Bestimmung des industriellen Minimalgehaltes möglich.

Die Festlegung der Industriekonditionen ist nicht nur eine volkswirtschaftlich sehr verantwortliche Aufgabe. Sie ist äußerst kompliziert. Daher kann auch die zur Anwendung gelangende Methodik nicht einfach sein, ebenso wie der Umfang der jeweils durchzuführenden Vorarbeit nicht gering ist. In dieser Hinsicht sparen, hieße Gefahr laufen, Fehlentscheidungen zu treffen, die sich in der überwiegenden Mehrzahl der Fälle in Millionen Verlusten — fehl eingesetzter Mittel oder verlorengehender Naturreichtümer (Vorräten) — auswirken müßten.

## 2. Zur Umgrenzung der Lagerstättenvorräte

Wenn der industrielle Minimalgehalt, d. h. der einzuhaltende minimale Durchschnittsgehalt des Fördergutes, bekannt ist und ferner bei der Erkundung größere Vorratsmengen festgestellt wurden, die beträchtlich über diesem Minimum liegen, entsteht die Frage, wie die Grenzlinien zu ziehen sind, durch welche die Bilanz- von den Außerbilanzvorräten abgegrenzt werden.

Hier soll lediglich die Teilfrage überprüft werden, ob die Verschneidung der reichen Vorratsteile mit Armerzen so weit getrieben werden soll, bis der industrielle Minimalgehalt erreicht ist.

Der Abbau von Reicherzen bietet große ökonomische Vorteile. Es erübrigt sich, hierauf einzugehen. Diese Vorteile müssen in vielen Fällen dazu genutzt werden, um — im Interesse einer größeren Bereitstellung von Metall — auch ärmere Erze mitzugewinnen, deren

[1)] Siehe auch: Z. angew. Geol., H. 10 (1959), H. 4, 5, 9 (1960).

[2)] Neben dem Gehalt ist die Mächtigkeit oft ein gleichwertiger Faktor. Die Entfernung vom Füllort (d. h. die Kosten des Grubentransportes), wechselndes Einfallen der Lager und Gänge, tektonische Erschwernisse, gebräches Gebirge, örtliche sehr große Wasserzuflüsse und andere bergtechnische Umstände beeinflussen die Gestehungskosten beträchtlich. Ebenso können jedoch auch Veränderungen des Rohstoffes (innigere Verwachsungsverhältnisse der Erz- und Gangmineralien, Zunahme der schädlichen Beimengungen usw.) dominierenden Einfluß erhalten.

alleiniger Abbau volkswirtschaftlich heute nicht vertretbar ist.

Voraussetzung für die Einbeziehung solcher Armerze in die Produktion ist:

a) eine nichtgedeckte Bedarfslücke der Volkswirtschaft,
b) günstige technisch-ökonomische Bedingungen für den Abbau der Armerze,
c) ausreichender Metallinhalt der Armerze, um die Gewinnung und Verarbeitung heute volkswirtschaftlich „vertretbar" zu machen.

Die Erfüllung der Voraussetzung (a) und (b) sei gegeben. Untersuchen wir hier lediglich die dritte Voraussetzung (c). Zu einer richtigen Entscheidung müssen folgende Daten vorliegen:

1. Wie groß ist der Vorratszuwachs bei einer Senkung des industriellen Minimalgehaltes um eine bestimmte Größe (je nach Rohstoff 5%, 1%, 0,1% o. a.);
2. wie groß ist der Metallinhalt dieses Vorratszuwachses und der Durchschnittsgehalt dieser zusätzlich anfallenden Erze;
3. wie verändert (verschlechtert) sich das Gesamtausbringen des Metalls durch die Senkung des Gesamtdurchschnittsgehaltes im Fördergut;
4. wie verändern sich (bei einheitlicher Lebensdauer der möglichen Grube) die Jahresförderung, der Metallinhalt und — unter Berücksichtigung des veränderten Gesamtausbringens — der Metallausstoß.

Die Daten für (1) und (2) sind aus den Ergebnissen der geologischen Erkundung zu erhalten, für (3) aus den lt. Vorschrift der ZVK vor Einreichung der Vorräte zur Bestätigung durchzuführenden Aufbereitungs- und Verarbeitungsuntersuchungen. Die Angaben für (4) sind dann überschlägig nicht schwer zu errechnen.

Wie wichtig derartige Überprüfungen sind, zeigt folgendes in der sowjetischen Fachliteratur (RURA 1958) veröffentlichte Beispiel:

Bei der Überprüfung einer vorgegebenen Kondition, die auf Grund von Analogieschlüssen erhalten worden war (industrieller Minimalgehalt 0,56% bei einem vorgegebenen Schwellengehalt von 0,03%), ergaben sich folgende Daten:

Tabelle 1

| | Varianten | | | | |
|---|---|---|---|---|---|
| | I | II | III | IV | V |
| Industr. Minimalgehalt % | 0,56 | 0,69 | 0,75 | 0,8 | 0,8* |
| Geol. Schwellengehalt % | 0,03 | 0,06 | 0,1 | 0,16 | 0,2 |
| Erzvorräte (I = 100%) | 100 | 78 | 66 | 54 | 50 |
| Metallinhalt der Vorräte (I = 100%) | 100 | 99 | 98 | 96 | 95 |
| Jahreserzförderung u. -verarbeitung (I = 100%) | 100 | 82 | 75 | 70 | 68 |

(Alle fünf Varianten wurden für einen gleichgroßen Metallausstoß berechnet.)
*) Dieser Wert erweckt Zweifel bzw. ist nicht verständlich, wenn man Variante IV berücksichtigt (der Verf.).

Es ist natürlich in jeder Hinsicht unvertretbar, die doppelte Menge Erz zu verarbeiten, nur um 5% Metall mehr zu gewinnen.

Der Geologe ist verpflichtet, sich Klarheit darüber zu schaffen, in welchen Vorräten die Hauptmasse des Metalls enthalten ist. Denn nicht das Erz, sondern das Metall ist das von der Gesellschaft benötigte Produkt.

Daß die Senkung des Durchschnittsgehaltes im Fördergut oft eine Verschlechterung im Metallausbringen (vor allem in der Aufbereitung) mit sich bringt, ist allgemein bekannt. Gewöhnlich sinken dabei die Abbaukosten, da produktivere Abbaumethoden angewandt werden können. Ohne exakte Überprüfung wird in der Praxis noch oft unterstellt, daß sich auf diese Weise ein ökonomischer Ausgleich ergibt, geringe — meist nicht genau ermittelte — Überschreitungen schlimmstenfalls durch einen größeren Metallausstoß wettgemacht werden. Eine solche grobe Methode ist in keinem Falle annehmbar.

Aus der sowjetischen Literatur ist ein Beispiel bekannt, in dem bei Senkung des Durchschnittsgehaltes von 1,1% auf 0,9% das Ausbringen von 85% auf 78% abfiel. Die Gewinnungs- und Verarbeitungskosten einer Tonne Erz verringerten sich dabei zwar von 240 auf 235 Rubel, die Gestehungskosten einer Tonne Metall erhöhten sich dagegen von 25400 Rubel um 32% auf 33600 Rubel.

Die Umgrenzung der Bilanzvorräte ist keine Arbeit, die sozusagen „pauschal" vorgenommen werden kann. Es ist immer richtig, zu überprüfen, wie sich eine sukzessive Senkung des Durchschnittsgehaltes, d. h. die Einbeziehung verschieden großer und verschiedenartiger Armerze, auf das Gesamtbild auswirkt.

Manchmal läßt sich eine positive Auswirkung bei geringer Senkung des Durchschnittsgehaltes beobachten. Bei weiterer Herabsetzung des Gehaltes, entsprechender Vergrößerung der Vorräte und damit der Kapazität des Bergwerkes ergeben sich dann selbst bei niedrigeren Gewinnungs- und Verarbeitungskosten für eine Tonne Erz meist ungünstigere Daten für die Gestehungskosten einer Tonne Metall.

Als Illustration seien Ziffern mitgeteilt, die von D. M. RURA (1958), einem Spezialisten für solche Fragen, veröffentlicht wurden.

Tabelle 2

| Variante | I | II | III |
|---|---|---|---|
| Durchschnittsgehalt | 0,85% | 0,8% | 0,7% |
| Jahresförderung (Taus. t) | 300 | 350 | 400 |
| Metallinhalt der Jahresförderung in t | 2550 | 2800 | 2800 |
| Summ. Ausbringen | 74% | 74% | 72% |
| Jahresmetallgewinnung | 1890 | 2070 | 2020 |
| Gestehungskosten der Gewinnung und Verarbeitung einer Tonne Erz | 140 | 130 | 126 |
| Gestehungskosten einer Tonne Metall in Taus. Rubel | 22,2 | 22,0 | 25,5 |

Aus diesen Daten folgt, daß die Mehrverarbeitung von jährlich 50000 t Erz der Variante III weder die Jahresmetallproduktion erhöht (sie liegt im Gegenteil um 50 t unter dem Ausstoß der Variante II) noch trotz der niedrigeren Gestehungskosten für Förderung und Verarbeitung des Erzes niedrigere Gestehungskosten des Metalls bringt.

Abschließend muß erwähnt werden, daß die Verarbeitung größerer Erzmengen (bei Einbeziehung der Armerze) in der Regel größere Investitionen bei neuen Werken notwendig macht, in allen Fällen — auch bei den bereits produzierenden — größere Investmittel für die Förderung und Verarbeitung einer Einheit (Tonne) Metallinhalt bindet.

## 3. Ist eine einheitliche Kondition für Erkundung und Abbau möglich?

Es sind somit drei wesentliche Gesichtspunkte, die bei der Festlegung der Konditionen berücksichtigt werden müssen: rationelle Nutzung der vorhandenen Lagerstätten, die Höhe des Metallausstoßes (oder analog eines äquivalenten Produktes) und ein vertretbarer Aufwand an gesellschaftlicher Arbeit.

Letzterer wird durch die Gestehungskosten des Produktes und die notwendigen Investitionen charakterisiert. Dabei darf unter „vertretbar" keineswegs der

Minimalaufwand verstanden werden, da er zwangsläufig zu Raubbau an den Lagerstätten führen müßte, zu Vergeudung von Volksvermögen, was in keinem Falle „vertretbar" ist.

Die Tatsache, daß sich die zu berücksichtigenden Faktoren gegenseitig beeinflussen, daß keineswegs nur Minimalwerte für die einzelnen Faktoren festgelegt werden können, macht die komplexe Betrachtungsweise und die volkswirtschaftliche Entscheidung — bei uns: der Staatlichen Plankommission — unter Zugrundelegung aller Faktoren notwendig.

RATSCHKOWSKIJ (1948) hat darauf hingewiesen, daß für die Zwecke der geologischen Erkundung, der Projektierung sowie der Produktionsplanung unterschiedliche Minimalgehalte, d. h. Konditionen, in Anwendung gebracht werden müssen. Dieser Umstand ist darin begründet, daß jeweils besondere Aufgaben zu lösen sind.

Die geologische Erkundung muß alle jene Unterlagen liefern, welche bei der Projektierung über die vorhandenen Vorräte und die Lagerstätte benötigt werden. Die Konditionen sind daher vor allem auf den Rohstoff und wenige bergtechnische Daten beschränkt. Die Aufgabe des Geologen besteht — kurz gesagt — darin, nachzuweisen, daß die Errichtung einer Industrieanlage auf der Basis der erkundeten Vorräte überhaupt möglich ist.

Die Projektierung entscheidet über die zweckmäßigste Form der Nutzung der Lagerstätte: über Abbaugrenzen, Umfang der Produktion usw. und errechnet die zu erwartenden durchschnittlichen Gestehungskosten.

Bei der Abbauplanung wird unmittelbar entschieden, welche Vorratsblöcke bei den zur Zeit gültigen Gesichtspunkten volkswirtschaftlich zu nutzen sind.

Die Konditionen für die geologische Erkundung beschränken sich neben Maximalteufe vor allem auf Mindestmächtigkeit und Qualitätskennziffern für den Rohstoff. Es werden zusätzlich Angaben über seine Aufbereitbarkeit usw. gefordert. Solche Konditionen tragen einen relativ allgemeinen Charakter.

Die bei der Projektierung für den Abbau ermittelten optimalen Werte müssen alle Faktoren berücksichtigen. Sie orientieren sich auf den Metallbedarf und die günstigsten Gestehungskosten des Endproduktes (Metall), bringen Technologie und Vorratsmenge in engste Beziehungen.

Bei der Abbauplanung fördernder Betriebe ergeben sich die Konditionen aus den Aufgaben der Volkswirtschaftspläne. Die im Betriebsplan vorgegebenen Kennziffern, deren umfassendste die Selbstkosten bei Einhaltung des vorgegebenen Plangehaltes sind, müssen sich auf die konkreten Lagerstättenverhältnisse stützen und den „vertretbaren" gesellschaftlichen Arbeitsaufwand für die Gewinnung des Rohstoffes unter Berücksichtigung des Bedarfes und der Lage im Industriezweig widerspiegeln.

Ist bei mehreren Konditionen die Möglichkeit gegeben, eine Rohstoffbilanz für das ganze Land aufzustellen? Besteht ein Zusammenhang zwischen der Kondition für die Erkundungsgeologen und für die Bergleute?

Auf diese Fragen wird im Anschluß an die Vorschläge zur Methodik der Festlegung der Konditionen für mineralische Rohstoffe für die geologische Erkundung, die Projektierung und den Abbau geantwortet werden.

## 4. Die Bestimmung der Konditionen für Zwecke der geologischen Erkundung

Die Konditionen für Zwecke der geologischen Erkundung können im wesentlichen aus den metallurgischen Unterlagen der Verarbeitung dieser Rohstoffe plus einigen bergmännischen Daten ermittelt werden. Wenn es sich bei der erkundeten Lagerstätte um eine kleine oder normalgroße Lagerstätte handelt, muß fast immer von der vorhandenen Technologie ausgegangen werden, da derartige Lagerstättenvorräte in der Regel nicht den Aufbau neuer technologischer Anlagen rechtfertigen. Sind solche Vorräte unter diesen Umständen zur Zeit nicht zu verarbeiten, müssen sie als Außerbilanzvorrat geführt werden, bis die Frage der weiteren Verarbeitung befriedigend gelöst ist.

Handelt es sich um eine sehr große Lagerstätte, die den Bau oder die Entwicklung neuer Anlagen zur Verarbeitung des geförderten Rohstoffes rechtfertigt, so sind die modernsten Technologien bei der Bestimmung der Konditionen zugrunde zu legen.

Die Bestimmung muß sich in diesem Falle vor allem auf die zu erwartenden Selbstkosten der Tonne Metall orientieren. Die Selbstkosten lassen sich errechnen aus folgenden Werten:

a) Förderkosten einer Tonne Erz
b) durchschnittlicher Metallinhalt einer Tonne Erz
c) Aufbereitungskosten einer Tonne Erz
d) Ausbringen bei der Aufbereitung
e) Verhüttungskosten einer Tonne Konzentrat
f) Ausbringen bei der Verhüttung

Die Kosten des zukünftigen innerbetrieblichen Transportes (von der Grube zur Aufbereitungsanlage, von der Aufbereitung zur Hütte) können hier vernachlässigt werden, ebenso wie unvermeidliche Verluste beim Abbau, Transport usw. Zur Berechnung der Selbstkosten einer Tonne Metall dienen die geologischen Erkundungsergebnisse, Forschungsergebnisse, Aufbereitungs- und Verhüttungsversuche oder die unter analogen Verhältnissen gültigen Plankosten.

Die Berechnung vereinfacht sich, wenn z. B. die Aufbereitung des Rohstoffes nicht notwendig ist und wenn als Bezugsgrößen nicht die Gestehungskosten einer Tonne Metall, sondern einer Tonne Konzentrat zugrunde gelegt werden können.

Die Berechnung der Selbstkosten erfolgt nach einer der zahlreichen in der Literatur vorgeschlagenen Formeln. Ihre Anwendung ist hier möglich, weil die Selbstkosten im Unterschied zu den Werk- oder Planpreisen nicht vorgegeben sind, sondern sich — vor allem in Abhängigkeit vom Durchschnittsgehalt im Erz und dem möglichen Metallausbringen — verändern.

Diese dem Geologen vorgegebenen Konditionen können sich selbstverständlich nur auf die Durchschnittseigenschaften der Vorräte beziehen. Daher sind die Gehaltswerte mit dem industriellen Minimalgehalt identisch.

Bei der Umgrenzung der Vorräte wird der Geologe vor die Frage gestellt, ob er — bei sehr günstigen Gehaltsverhältnissen — soviel unter dieser Gehaltsgrenze liegende Vorräte in die Vorratskontur der Bilanzvorräte einbeziehen soll, bis summarisch — als Durchschnitt für die gesamte Lagerstätte — der industrielle Minimalgehalt erreicht ist.

Auf diese Frage kann keine allgemeingültige Antwort gegeben werden. Die Zweckmäßigkeit eines solchen Vorgehens wird in sehr vielen Fällen selbst bei abgeschlossener Erkundung nicht immer entschieden werden können. Dazu bedarf es komplizierter Überlegungen und Berechnungen, auf die oben bereits eingegangen wurde. In solchen Fällen ist dem Geologen zu empfehlen:

a) die Umgrenzung der Bilanzvorräte so vorzunehmen, daß in jedem der Berechnungsblöcke (welche in diesem Falle die Größe eines Abbaublockes nicht übertreffen sollten) der industrielle Minimalgehalt eingehalten wird, selbst wenn der Durchschnittsgehalt der gesamten Lagerstätte bedeutend über dieser Gehaltsgrenze liegt;

b) die Berechnung der Außerbilanzvorräte so durchzuführen, daß die besseren Vorräte von den ungünstigsten möglichst schon bei der Umgrenzung der Berechnungsblöcke getrennt werden.

Die endgültige Entscheidung muß in zweifelhaften Fällen durch die Projektierungsbüros gefunden werden, welche hierzu die Methode der Varianten anwenden.

## 5. Die Methode der Varianten

Die Methode der Varianten ist die einzige Methode, die auch in komplizierten Fällen eine richtige Entscheidung bei Beachtung aller Faktoren sichert. Diese Methode besteht darin, daß berechnet wird, wie sich bei verschiedenen Durchschnittsgehalten und entsprechenden geologischen Schwellengehalten

a) die genutzten Vorräte vergrößern oder verringern. Auf diese Weise wird die Notwendigkeit der möglichst vollständigen Nutzung der vorhandenen Naturreichtümer beachtet. Zugleich sind diese Ziffern die Grundlage, um

1. die mögliche Kapazität der Grube zu bestimmen,
2. den Metallinhalt der Vorräte aller Varianten einander gegenüberzustellen.

Meist wird der Vorratszuwachs von einer Variante zur anderen ebenso wie der jeweilige Zuwachs des Metallinhalts gesondert aufgeführt, um den volkswirtschaftlichen Verlust an nicht genutzten Naturreichtümern besonders augenfällig zu machen.

b) Aus der jeweiligen Jahreskapazität der Grube ergibt sich der Metallinhalt der Jahresförderung. Diese Kennziffer ist für die sozialistische Volkswirtschaft besonders wichtig, da die Befriedigung des Bedarfs im Vordergrund steht.

c) Aus den verschiedenen Durchschnitts- und geologischen Schwellengehalten ergeben sich verschiedene Ausbringekoeffizienten des Metalls, die in der Regel summarisch in den Tabellen geführt werden. Der Unterschied im Gesamtausbringen führt meist zu beträchtlichen Verschiebungen der tatsächlich gewonnenen Metallmenge.

d) Als wichtige Kennziffer erscheinen in den Gegenüberstellungen der verschiedenen Varianten noch folgende Werte:
1. Erzbedarf für eine Tonne Metall des jeweiligen Ausstoßes,
2. Gewinnungs- und Verarbeitungskosten einer Tonne Erz.
Hieraus errechnen sich die Gestehungskosten einer Tonne Metall.

Aus den unter (a) genannten Größen des Vorratszuwachses und seinem Metallinhalt werden die Gestehungskosten einer Tonne Metall aus diesen zusätzlichen (ärmeren) Partien berechnet. Es ist aus den Gegenüberstellungen sofort zu erkennen, ob der Aufwand für dieses zusätzlich gewonnene Metall vertretbar ist oder nicht.

e) Schließlich werden noch die Investitionsmittel gegenübergestellt, die in jeder einzelnen Variante benötigt werden. Neben der absoluten Größe ist hierbei interessant, wieviel Investitionen für eine Tonne „Metallproduktion" benötigt werden. In Tabelle 3 ist eine sowjetische Aufstellung wiedergegeben, in der vier Varianten gegenübergestellt werden. Dieses Beispiel stammt aus einer Veröffentlichung D. M. RURAS, der es zur Widerlegung der von S. J. RATSCHKOWSKIJ vorgeschlagenen Formel durchgerechnet hat. Nach der Formel dieses Autors (1948)[3]) ergibt sich bei W = 137 Rubel (Gewinnungs- und Verarbeitungskosten einer Tonne Erz), C = 20000 Rubel (Werkpreis des Metalls) und E = 0,72 (summarisches Ausbringen):

$$f_m \text{ (industrieller Minimalgehalt)} = \frac{W \cdot 100}{C \cdot E} =$$

$$\frac{137 \cdot 100}{20000 \cdot 0{,}72} = 0{,}95\%$$

Wie aus der Tabelle ersichtlich ist, handelt es sich um die Variante IV der RURAschen Aufstellung. Ebenso unschwer ist jedoch zu erkennen, daß diese Variante keineswegs die volkswirtschaftlich günstigste (optimalste) ist: Der Metallausstoß ist in den Varianten II, III und IV beinahe gleich groß und etwa um 30% höher als in Variante I. Die erste Variante kann daher nicht als optimale bezeichnet werden, obwohl die Gestehungskosten bei ihr am niedrigsten liegen. Die niedrigsten Selbstkosten der übrigen drei liegen bei Variante II.

Tabelle 3

| | Variante | | | |
|---|---|---|---|---|
| | I | II | III | IV |
| Durchschnittsgehalt im Erz, % | 1,3 | 1,2 | 1,1 | 0,95 |
| Geol. Schwellengehalt, % | 0,8 | 0,7 | 0,6 | 0,4 |
| Erzvorräte in Mio t | 9,6 | 15,2 | 16,7 | 21,8 |
| Metallinhalt der Vorräte in Tausend t | 125,0 | 182,0 | 183,0 | 206,0 |
| Vorratszuwachs: | | | | |
| Erz, Mio t | – | 5,6 | 1,5 | 5,1 |
| Metall, Taus. t | – | 57,0 | 1,0 | 23,0 |
| Durchschnittsgehalt im Vorratszuwachs, % | – | 1,18 | 0,66 | 0,45 |
| Jahreskapazität, Erz, Mio t | 0,64 | 1,0 | 1,1 | 1,45 |
| Metall in der Jahresförderung, Taus. t | 8,3 | 12,0 | 12,1 | 13,8 |
| Summar. Metallausbringen, % | 82 | 80,0 | 77,0 | 72,0 |
| Jährl. Metallausstoß, Taus. t | 6,8 | 9,6 | 9,3 | 9,9 |
| Erzaufwand für 1 t Metall, in t | 94,0 | 104,0 | 118,0 | 148,0 |
| Selbstkosten für Förderung u. Verarbeitung 1 t Erz, Taus. Rubel | 158,0 | 148,0 | 148,0 | 137,0 |
| Selbstkosten 1 t Metall, Taus. Rubel | 14,9 | 15,4 | 17,5 | 20,0 |
| Selbstkosten 1 t Metall aus dem Erzvorratszuwachs, Taus. Rubel | – | 16,6 | – | 70,4 |
| Investitionen, Mio Rubel | 520,0 | 712,0 | 747,0 | 853,0 |
| Investitionen auf 1 t Metall, Taus. Rubel | 76,4 | 72,2 | 80,0 | 87,0 |

Bei gleichem Produktionsausstoß sind die niedrigsten Selbstkosten die optimalen. Die Formel RATSCHKOWSKIJS hat somit zu einem unrichtigen Ergebnis geführt. Das wird noch überzeugender, wenn wir folgende Umstände beachten:

Die Variante IV führt zu einer bedeutenden Vergrößerung der Erzvorräte, die auch eine beachtliche Metallmenge enthalten. Doch trotz der Kapazitätsvergrößerung der Grube um 45% gegenüber Variante II erhöht sich der Metallausstoß um nur rund 3%. Die Ursachen liegen in der schlechten Qualität des zusätzlichen Erzes (0,45%) und dem entsprechend niedrigeren Ausbringen. Interessant an diesem Beispiel sind noch folgende Daten:

1. Die Investmittel pro Tonne Metallausstoß liegen bei der zweiten Variante am günstigsten,

2. die Formel RATSCHKOWSKIJS unterstellt einen Metallpreis von 20000 Rubel und führt faktisch — bei Einhaltung des Minimalgehaltes für die ganze Lagerstätte — zu einer gewinn- und verlustlosen Produktion. Die Variante II bringt dagegen — bei Selbstkosten des Metalls in Höhe von 15400 Rubel — einen Gewinn von 4600 Rubel pro Tonne!

Die zweite Variante sichert im vorstehenden Beispiel ferner:

3. die optimalste Nutzung der Lagerstätte (zum gegenwärtigen Zeitpunkt), obwohl 6,6 Millionen Tonnen Vorräte nicht in die Nutzung eingehen. Sie werden heute nicht sinnlos und ohne Nutzen für die Volkswirtschaft abgebaut, sondern stehen als Außerbilanzvorräte bei einer möglichen Verbes-

[3]) Diese Formel wurde eingehend in der Zeitschrift für angewandte Geologie, Heft 5 (1960), referiert.

serung der Technologie in Zukunft der Bergwirtschaft weiter zur Verfügung.

4. Es wird eine bedeutende Einsparung an gesellschaftlicher Arbeit erzielt, da 450000 t Erz jährlich nicht gefördert, transportiert und weiterverarbeitet werden.

5. Der volkswirtschaftliche Bedarf wird auch bei Variante II ausreichend gedeckt. Die Kosten für eine Tonne Metall, die aus den zusätzlichen armen Erzen gewonnen wird, betragen 70400 Rubel. Mit anderen Worten: Die gegenüber Variante II zusätzlich möglichen 300 Tonnen Metall kosten pro Tonne 55000 Rubel mehr als der Durchschnitt der Variante II. Das ist ein nicht mehr „vertretbarer Aufwand".

In den angeführten Varianten vergrößern sich die Erzvorräte bei Herabsetzung des geologischen Gehaltes folgendermaßen: Bei der Herabsetzung von 0,8% auf 0,7% wachsen die Vorräte um 58%, ihr Durchschnittsgehalt ist 1,18%.

Bei Senkung des geologischen Schwellengehaltes von 0,7% auf 0,6% wachsen die Vorräte um 16%, ihr Durchschnittsgehalt ist 0,66%. Bei der Herabsetzung von 0,6% auf 0,4% nehmen die Vorräte um 53% zu, wobei der Durchschnittsgehalt bei 0,45% liegt.

Diese Tatsache unterstreicht die Zweckmäßigkeit einer gesonderten (nach Gehalt gestaffelten) Berechnung der Außerbilanzvorräte. Schon aus dem Charakter der ersten Gruppe zusätzlicher Vorräte (ihr Gehalt liegt knapp unter dem Durchschnittsgehalt der ersten Variante, es sind somit „bedingte Außerbilanzvorräte" oder auch „marginal"-Vorräte nach der amerikanischen Terminologie) ist zu erkennen, daß ihr Abbau ernsthaft erwogen werden muß, was die Methode der Varianten schließlich positiv beantwortet. Dieser für den Geologen wichtige Gesichtspunkt bei der Umgrenzung der Bilanzvorräte wird daher nochmals hervorgehoben.

## 6. Die Konditionen bestehender Bergwerke und Gruben

Zur richtigen Festlegung der Kondition für fördernde Betriebe sind einige Vorarbeiten unerläßlich. Es genügt nicht, nur die Vorräte der erkundeten Lagerstätten eines Rohstoffes und ihre durchschnittlichen Eigenschaften zu kennen. Eine einwandfreie Beurteilung erfordert auch die Berücksichtigung der bergtechnischen Verhältnisse. Eine komplexe Kennziffer für diese Gesamtfaktoren sind die Gestehungskosten für eine Tonne Metall aus den im Abbaublock anstehenden Vorräten. In diese Kennziffer gehen die geologisch-bergtechnischen Förderbedingungen ebenso ein wie die Güte des jeweils geförderten Rohstoffes. In den Selbstkosten spiegeln sich ferner das erreichte technische Niveau und die sich hieraus ergebende Arbeitsproduktivität wider.

Bei der Berechnung der Selbstkosten einer Tonne Metall aus anstehendem Erz, z. B. nach der von WOLODOMONOW (1959) vorgeschlagenen Formel[4]), können ohne wesentliche Nachteile geringe Abweichungen in den einzelnen Positionen verschiedener Blöcke vernachlässigt werden, da selbstverständlich diese Ermittlung mit unvermeidlichen Ungenauigkeiten behaftet ist, welche allerdings nur selten ins Gewicht fallen.

Nach Durchführung einer solchen Berechnung ist nicht nur die Gruppierung der Vorräte einer Grube nach den zu erwartenden Selbstkosten möglich (eine sogen. ökonomische Klassifizierung), sondern auch eine analoge Gruppierung aller im Lande zur Verfügung stehenden anstehenden Erzvorräte des betreffenden Metalles (s. WOLODOMONOW 1959). Da in der Formel WOLODOMONOWs zugleich das Gesamtausbringen berücksichtigt ist, werden zweckmäßigerweise bei der ökonomischen Klassifizierung der Vorräte (im Unterschied zu den der ZVK eingereichten Vorratsberechnungen) nur die gewinnbaren Mengen geführt.

Nur auf der Grundlage solcher Ausarbeitungen kann die Staatliche Plankommission

a) Entscheidungen über noch vertretbaren Aufwand für die Gewinnung eines bestimmten Rohstoffes treffen (d. h. vom Betrieb vorgeschlagene industrielle Minimalgehalte bestätigen),

b) richtige Produktionsauflagen für die einzelnen Betriebe mit unterschiedlichen geologisch-technischen Verhältnissen treffen,

c) den maximal in der DDR z. Z. zulässigen Aufwand für die Gewinnung einer Tonne Metall einheitlich festlegen, ohne volkswirtschaftliche Verluste zuzulassen.

d) Aus solchen Unterlagen lassen sich auch — hier die einzelnen Betriebe betrachtet — zusammen mit den Abbauplänen einwandfrei die durchschnittlichen Planselbstkosten der Betriebe berechnen.

Die vorgegebenen Planselbstkosten können in vielen Fällen unmittelbar auf natürliche Grenzwerte umgerechnet werden. Wenn wir z. B. von dem innerbetrieblichen (von der Abbaukammer bis zum Füllort) Transport absehen, können in bestimmten Fällen die technisch-ökonomischen Faktoren als konstant behandelt werden. Dann können der Zähler in der Formel WOLODOMONOWs und die Ausbringekoeffizienten im Nenner als konstant betrachtet und durch einen entsprechenden Koeffizienten (k) ausgedrückt werden. Die Formel vereinfacht sich dann zu:

$$q = \frac{k}{c}$$

(Eine solche vereinfachte Formel könnte vermutlich in bestimmten Kaligruben zur Anwendung gebracht werden.)

Bei der Festsetzung der betrieblichen Planselbstkosten muß die Staatliche Plankommission selbstverständlich von den vorhandenen technischen Verhältnissen ausgehen, wenn die Grube oder das Werk nicht überfordert werden sollen. Daher müssen betriebliche Gewinne oder Verluste unbedingt eingeplant und dem Betrieb vorgegeben werden. Die Einhaltung dieser Gewinn- und Verlustpläne ist eine notwendige und folgerichtige Forderung, wobei jedoch die Erfüllung der übrigen Kennziffern (Durchschnittsgehalt, Abbauplan usw.) zur einwandfreien Beurteilung der Arbeit des Betriebes unerläßlich ist.

Als Bezugsniveau für Selbstkosten und Gewinn-Verlust-Planung muß die Staatliche Plankommission von den durchschnittlichen Verhältnissen im Industriezweig ausgehen. Senkung dieser durchschnittlichen Selbstkosten ist nur möglich durch Erhöhung der Arbeitsproduktivität, d. h. durch Verbesserung der Tech-

---

[4])

$$q = \frac{100\left[\frac{a}{d} + \alpha(t_1 + b_1) + \alpha\beta(t_2 + b_2)\right]f}{c\pi\rho\varphi}$$

q — Selbstkosten einer Tonne Metall, in Rubel;
a — Selbstkosten des Abbaus 1 $m^3$ des anstehenden Erzes, in Rubel;
d — Volumengewicht des anstehenden Erzes;
$\alpha$ — Koeffizient, der den Erzanteil im Haufwerk beim Abbau berücksichtigt (weniger als eins);
$t_1$ — Selbstkosten des Transportes für eine Tonne Erz vom Schacht zur Aufbereitungsanlage, in Rubel;
$b_1$ — Selbstkosten der Aufbereitung einer Tonne Erz, in Rubel;
$\beta$ — Ausbringekoeffizient der Aufbereitung (weniger als eins);
$t_2$ — Selbstkosten des Transportes einer Tonne Konzentrat von der Aufbereitung zur Hütte, in Rubel;
$b_2$ — Selbstkosten der metallurgischen Verarbeitung einer Tonne Konzentrat, in Rubel;
f — Koeffizient für die Verdünnung (mehr als eins);
c — Metallgehalt des Erzkörpers, %;
$\pi$ — Koeffizient des Metallausbringens beim Abbau (weniger als eins);
$\rho$ — Koeffizient des Metallausbringens beim Aufbereiten (weniger als eins);
$\varphi$ — Koeffizient des Metallausbringens bei der metall. Verarbeitung (weniger als eins).

nologie, Modernisierung der Produktion, Rekonstruktion der Anlagen usw. Bei Festlegung entsprechender Maßnahmen ist auf die höchste erreichte Produktivität im Industriezweig zu orientieren, darüber hinaus auf die erreichte Produktivität in analogen Betrieben des sozialistischen und kapitalistischen Auslandes.

Bei einer ausreichenden Versorgung mit Lagerstätten wird in bestimmten Fällen in der DDR nur eine bestimmte Zahl der vorhandenen Lagerstätten — selbstverständlich die zur Zeit ökonomisch günstigsten — genutzt werden. Lagerstätten, die zur Zeit auf Grund einer solchen Situation nicht genutzt werden, werden dadurch nicht „unbauwürdig“. Mit anderen Worten, die Zweckmäßigkeit der Inbetriebnahme oder Unterhaltung eines fördernden Betriebes wird nicht durch die Umgruppierung der Lagerstättenvorräte in Außer- oder in Bilanzvorräte gekennzeichnet, sondern durch konkrete Entscheidung der Leitung der Wirtschaft der DDR (Staatliche Plankommission).

Die nach diesem Vorschlag bestimmten Betriebskonditionen unterscheiden sich wesentlich von den Konditionen für die geologische Erkundung, da sie nicht die Möglichkeit, sondern die zweckmäßigste Form der Nutzung der anstehenden Rohstoffvorräte regulieren. Die Methode ihrer Festlegung zeigt, daß es sich hier um die Plankennziffern und -auflagen handelt. Während sie auf Grund der ökonomischen Klassifizierung der Vorräte festgelegt werden können, ist diese Klassifizierung selbst nur möglich, nachdem die übliche Vorratsberechnung (und Klassifizierung) auf Grund der vorgegebenen allgemeinen Konditionen durchgeführt wurde. Daraus folgt, daß

1. die ökonomische Klassifizierung der von der ZVK bestätigten Vorräte einerseits unerläßlich ist, andererseits jedoch die Berechnung der Vorräte nach den allgemeinen Industriekonditionen nicht ersetzen kann;
2. die Vorratsberechnung nach den Richtlinien der ZVK auch für die fördernden Betriebe nicht aufgehoben werden kann, weil sonst
   a) eine Kontrolle des Nutzungsgrades der in Abbau stehenden Lagerstätte nicht möglich wäre;
   b) eine einheitliche Vorratsbilanz für die ganze DDR nicht aufzustellen wäre;
   c) die ökonomische Klassifizierung aller Rohstoffreserven der Republik unmöglich wäre.

Daher wird vorgeschlagen, den Begriff der Industriekondition — so wie er z. B. in den Instruktionen der ZVK formuliert wurde oder auch nach STAMMBERGER (1959) einheitlich anzuwenden, ihn für alle an die ZVK einzureichenden Vorratsberechnungen verbindlich zu erklären. Die betrieblichen Konditionen sollten als Planauflagen bezeichnet und gemäß den gleichen Instruktionen und Veröffentlichungen die entstehenden Differenzen als Verluste ausgewiesen werden.

## 7. Schlußfolgerung

1. Auf Grund der Ansprüche, die von den Metallurgen gegenwärtig an das zur Verhüttung gelangende Erz gestellt werden, und der fortgeschrittensten Technologie können dem Geologen Mindestqualitätsforderungen genannt werden, die der von ihm erkundete Rohstoff besitzen muß oder durch Veredlung oder Aufbereitung erhalten kann. Das sind die allgemeinen Rohstoff-Konditionen.

Auf Grund der Ansprüche der Bergleute und der fortgeschrittensten Bergbautechnik werden dem Geologen Grenzwerte genannt, die gegenwärtig für die Gewinnung eines Rohstoffes eingehalten werden müssen. Das sind die „Lagerstätten“-Konditionen. Gestützt auf diese Daten (die sogen. „Industrie-Kondition“), die den zu erwartenden Fortschritt in der Technik und Technologie berücksichtigen müssen, führt der Geologe seine Erkundung, umgrenzt und berechnet er (ebenso wie der Grubengeologe) die festgestellten Vorräte. Er weist damit nach, daß auf der von ihm erkundeten Rohstoffbasis die Errichtung eines Produktionsbetriebes möglich ist.

2. Mit Hilfe der Methode der Varianten ermitteln die Projektierungsbüros die optimale Form, den Umfang und die Intensität der Nutzung der vom Geologen erkundeten Lagerstätte.

3. Nach dem bestätigten Projekt wird eine Anlage errichtet, für die wie für jeden anderen fördernden Betrieb eine ökonomische Klassifizierung der Vorräte nach den zu erwartenden Selbstkosten der Tonne Metall durchgeführt wird. Diese ökonomische Klassifikation und der Abbauplan sind die Grundlage für die Ausarbeitung der Planauflagen, darunter auch des Plangehalts.

Diese „Abbau-Konditionen“ sind veränderlicher als die Konditionen der Erkundung, da sie für jedes Jahr des Volkswirtschaftsplans — entsprechend den volkswirtschaftlichen Planaufgaben — neu festgelegt werden können (nicht müssen).

4. Die Vorratsbilanz des Rohstoffes wird nach den allgemeinen Industrie-Konditionen geführt, die auch einheitliche Grundlage aller Vorratsberechnungen sind. Die Planauflagen können mit diesen Konditionen zusammenfallen, sie können — volkswirtschaftlich durchaus begründet — von diesen abweichen.

5. Um die allgemeine Vorratsbilanz der ZVK ordnungsgemäß führen zu können, sind neben den Vorratsbewegungen in den Betrieben (als Ergebnis des Abbaus und möglicher Neuerkundung von Vorräten) auch die Verluste der Gewinnungsarbeiten zu erfassen und der ZVK bekanntzugeben.

## 8. Abschließende Bemerkungen

Verfasser stellt seine in fünf Heften der Zeitschrift für angewandte Geologie veröffentlichten Auffassungen und Vorschläge zur Diskussion. Er ist sich bewußt, daß gewisse Einzelheiten noch weitere Überlegungen und Untersuchungen notwendig machen werden. Zugleich ist er fest überzeugt, daß die grundsätzliche Lösung des Problems nur in der hier aufgezeichneten Richtung gefunden werden kann.

**Zusammenfassung**

Von den verschiedenen Aufgaben bei der Erkundung, den Projektierungsarbeiten und der Abbaulenkung ausgehend und unter Beachtung der sich jeweils ergebenden volkswirtschaftlichen Aufgabe schlägt der Verfasser vor, eine einheitliche allgemeingültige Industrie-Kondition für jeden Rohstofftyp auf Grund der metallurgischen und anderen technischen Daten festzulegen.

Die sich aus den Planaufgaben ergebenden betrieblichen Konditionen müssen vor allem nach ökonomischen Zweckmäßigkeitsüberlegungen festgelegt werden. Sie sind veränderlicher und als Plankennziffer zu bezeichnen, um sie von den allgemeinen Konditionen zu unterscheiden.

**Резюме**

Исходя из различных задач при разведке, проектировании, направлении разработки и учитывая народнохозяйственные задачи, автор предлагает установить единые общепринятые промышленные кондиции для каждого сырья на основе металлургических и других технических данных.

Вытекающие из плана кондиции предприятий должны прежде всего устанавливаться исходя из соображений экономической целесообразности. Они могут быть непостоянными и должны быть названы показателями плана, для отличия от общих кондиций.

**Summary**

Proceeding from different problems connected with the reconnaissance, projective work and control of mining and considering economic tasks specific to them, the author proposes a uniform and universal industrial condition for each raw material on the basis of metallurgical and other technical data. Operational conditions resulting from the tasks of the plan above all have to be fixed according to economic considerations. To distinguish them from general conditions, they must be designated as plan index for they are subjected to greater variations.

### Literatur

Politische Ökonomie, Lehrbuch. — Dietz Verlag, Berlin 1955.
KAUTZSCH, E.: Zur Ermittlung des geologischen Schwellengehaltes. — Z. angew. Geol., 5, H. 6 (1959).
LEWIEN, E.: Zur Frage der Bauwürdigkeit. — Z. angew. Geol., 6, H. 1 (1960)
RATSCHKOWSKIJ, S. J.: Die Bestimmung des industriellen Minimalgehaltes der Metalle in Erzen der Buntmetalle. — Zwetnije metally, 1948, H. 5 (russisch).
RURA, D. M.: Die industrielle Bewertung von Erzlagerstätten. — Zentr. Informationsinstitut der Buntmetallurgie (russisch), Moskau 1958.
STAMMBERGER, F.: Zur Festlegung der Konditionen für mineralische Rohstoffe. — Z. angew. Geol., 6, H. 10 (1959).
WOLODOMONOW, N. W.: Die Bergrente und die Grundsätze der Bewertung von Lagerstätten. — Metallurgisdat, Moskau 1959 (russisch).

# Quantitative Röntgenfluoreszenzanalyse auf Blei, Kupfer und Zink in Gesteinen, insbesondere im Kupferschiefer[1)]

JOACHIM OTTEMANN, Berlin

## Einführung

Ohne Übertreibung kann gesagt werden, daß dem in der Praxis stehenden Mineralanalytiker mit der Methode der Röntgenfluoreszenzspektrometrie ein wirksames Mittel zur Lösung vielseitiger analytischer Probleme in die Hand gegeben ist. Mannigfache Spezialverfahren zur Untersuchung von Mineralien, Erzen und Gesteinen mit dieser Methode sind bereits publiziert worden. Über diesbezügliche Literatur sowie über das Prinzip der Röntgenfluoreszenzspektrometrie hat Verfasser 1959 (OTTEMANN 1959b) berichtet. Ein großer Vorteil der Röntgenanalyse gegenüber den konventionellen chemischen Analysenmethoden besteht darin, daß in den meisten Fällen der mineralische Rohstoff in Pulverform quantitativ untersucht werden kann.

Was die Analysiergeschwindigkeit anbetrifft, werden selbst die quantitativ-spektrochemischen Verfahren zur Untersuchung elektrisch nichtleitender Mineralproben von der Röntgenfluoreszenzspektrometrie in den Schatten gestellt. Es wurde daher begonnen, die bei der Erkundung der mitteldeutschen Kupferschieferhorizonte und ihrer Äquivalente in großer Menge anfallenden Proben routinemäßig mittels der Röntgenfluoreszenzanalyse zu untersuchen. Ein neues optisch-spektralanalytisches Verfahren zur quantitativen Untersuchung des Kupferschiefers hat Verfasser (OTTEMANN 1959a) bereits mitgeteilt. Im folgenden soll über den Einsatz der Röntgenfluoreszenzspektrometrie zur Analyse von Kupferschiefern und anderen Gesteinen auf die Elemente Blei, Kupfer und Zink berichtet werden.

Die Vorzüge der Röntgenfluoreszenzmethode sind: hohe Analysiergeschwindigkeit, Einfachheit quantitativer Routinebestimmungen, relativ sehr hohe Genauigkeit und Empfindlichkeit bei völliger Zerstörungsfreiheit des Untersuchungsmaterials.

Es gibt aber überhaupt keine Analysenmethode, gleich ob chemischer oder physikalischer Art, die nicht durch Störungen infolge anwesender Fremdelemente kompliziert werden könnte. Es ist nun die je nach den vorliegenden Verhältnissen mehr oder weniger schwierige Aufgabe des Analytikers, Wege zu finden, um alle auftretenden Störungen so weit wie möglich zu eliminieren.

## Störeinflüsse in der Röntgenfluoreszenzanalyse

Bei der Untersuchung von Vielkomponentenmischungen, und solche liegen bei natürlichen Mineralvorkommen immer vor, ergeben sich für die Röntgenfluoreszenzmethode sehr ernsthafte Störmöglichkeiten, die in mancher Hinsicht denen der optischen Spektralanalyse ähnlich sind. Zwei Arten von Störeffekten müssen unterschieden werden: der Korngrößeneffekt und die Absorptionseffekte.

### Korngrößeneffekt

Wenn Mineralien, Erze und Gesteine in Pulverform untersucht werden, so ist die Korngröße der verschiedenen Mineralkomponenten von entscheidender Bedeutung. Nach ADLER & AXELROD (1955) ergeben chemisch identische Proben einmal grob- und einmal feingepulvert verschiedene Intensitätsmeßergebnisse, die sich bis zu einem Faktor von 2 unterscheiden können.

Stellt man sich vor, daß eine bestimmte Pulveroberfläche oder richtiger eine Pulverschicht bestimmter Dicke schräg von Röntgenstrahlen durchdrungen wird und daß die erregte Fluoreszenzstrahlung die Präparatoberfläche wieder schräg verläßt, so erscheint es verständlich, daß Größe, Form und Lage der Einzelpartikel eine wichtige Rolle für die entstehende Gesamtintensität der emittierten Fluoreszenzstrahlung spielen.

Der Korngrößeneffekt läßt sich jedoch verhältnismäßig leicht ausschalten, indem man durch genügend feines Mahlen für ausreichende Kornfeinheit sorgt. Es handelt sich also um die Frage nach statistisch ausreichender Homogenisierung des Probematerials. Der notwendige Kornfeinheitsgrad kann durch Reproduzierbarkeitsmessungen festgestellt werden. Er entspricht etwa dem, der beim Aufschluß für die chemische Silikatanalyse gefordert wird, d. h. „Analysenfeinheit“ mit einer Korngröße unter 60 $\mu$.

### Absorptionseffekte

Weit schwieriger als der Teilchengrößeneffekt lassen sich indessen diejenigen Störungen verhindern, die

1) Eingang des Manuskriptes in der Redaktion: 12. 5. 60.

durch die Absorption der Röntgenstrahlen am Untersuchungsmaterial hervorgerufen werden.

Nach dem Absorptionsgesetz für Röntgenstrahlen ist nach Durchgang von monochromatischer Röntgenstrahlung der Intensität $I_0$ durch eine absorbierende Schicht die verbleibende Intensität I:

$$I = I_0 \cdot e^{-p \cdot \frac{\mu}{\rho}}$$

p = Gewicht der durchstrahlten Substanz
$\mu$ = linearer Absorptionskoeffizient
$\rho$ = spezifisches Gewicht der durchstrahlten Substanz
$\frac{\mu}{\rho}$ = Massenabsorptionskoeffizient

Linearer Absorptionskoeffizient und Massenabsorptionskoeffizient sind spezifisch für jedes chemische Element.

Dazu kommt, daß beim Durchgang kontinuierlicher Röntgenstrahlung durch eine dünne Schicht eines Elementes charakteristische Absorptionsdiskontinuitäten (Absorptionsbanden) beobachtet werden, die sich zu den Emissionslinien desselben Elementes gesetzmäßig verhalten, wie aus Abb. 1 hervorgeht.

Das bedeutet, daß die Absorptionskoeffizienten nicht nur spezifisch für jedes Element, sondern auch von der Wellenlänge der Röntgenstrahlung abhängig sind. Charakteristisch für jedes Element ist die sprunghafte Absorptionsänderung (Absorptionskante) bei einer ganz bestimmten Wellenlänge.

Bei der quantitativen Röntgenspektrometrie, die immer eine Messung der Strahlungsintensität zur Grundlage hat, sind daher die Absorptionsbanden mit ihren scharfen Absorptionskanten besonders zu berücksichtigen.

Der Wellenlänge der Absorptionskante eines Elementes entspricht diejenige Energie (eV), die zur Erzeugung des charakteristischen Emissionsspektrums des entsprechenden Elements minimal notwendig ist. Zwischen der kurzwelligen Grenze in Å und der Beschleunigungsspannung in KV besteht die Beziehung:

$$\text{Anodenspannung } V = \frac{12{,}35}{\lambda_{\text{min.}}} \text{ (KV)}$$

Zur Anregung der Röntgenfluoreszenz eines Elementes muß demzufolge die Primärstrahlung eine Wellenlänge haben, die gleich oder kürzer ist als die der Absorptionskante des Elementes.

In der Röntgenfluoreszenzanalyse wird einerseits die primäre Röntgenstrahlung beim Eindringen in die praktisch wirksame Probendicke von etwa 0,25 mm absorbiert, andererseits wird auch die angeregte Fluoreszenzstrahlung auf ihrem Rückwege ebenfalls absorbiert. Außer einer Intensitätsschwächung durch Absorption läßt die Röntgenfluoreszenz aber auch noch einen Anregungseffekt zu. Liegt eine starke Emissionslinie einer Störsubstanz dicht neben der kurzwelligen Seite einer Absorptionskante einer Analysenlinie, dann kann die Analysenlinie durch „sekundäre Fluoreszenz" verstärkt werden (Abb. 2). Die Gefahr, daß eine Analysen-

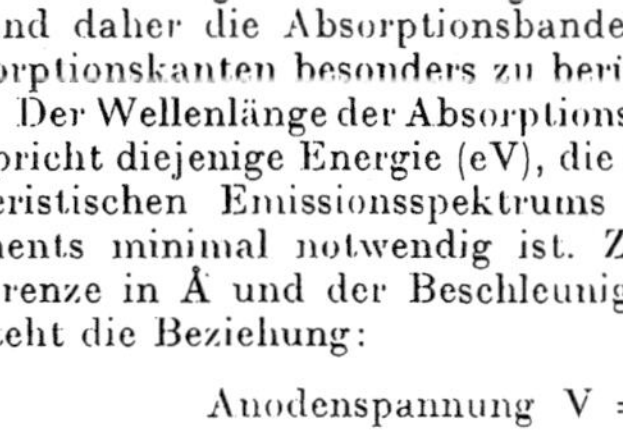


Abb. 1

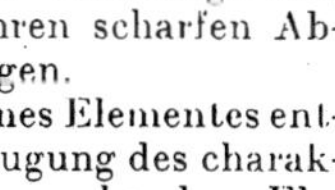

Abb. 2

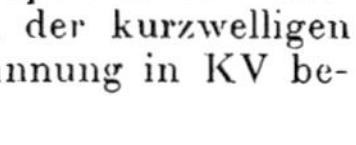

Abb. 3

Abb. 1. Beziehung zwischen Absorptions- und Emissionsspektrum der K-Strahlung

Abb. 2. Schema des Anregungseffektes durch sekundäre Röntgenfluoreszenz

Abb. 3. Schema der selektiven Absorption im Bereich einer Absorptionsbande

ST — Störlinie, $L_{Abs.}$ — Absorptionskante von L, LKα — Analysenlinie
L — Analysenlinie, $ST_{Abs.}$ — Absorptionskante von ST, STKα — Störlinie

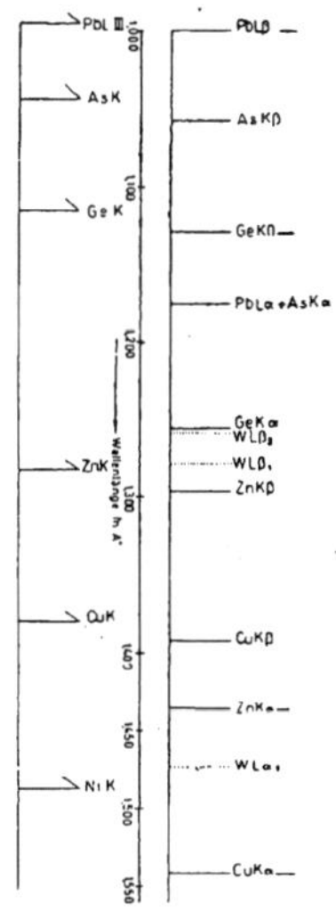

Abb. 4. Schematische Darstellung der beteiligten Emissionslinien und ihrer korrespondierenden Absorptionskanten

linie durch selektive Absorption geschwächt wird, ist jedoch im allgemeinen größer (Abb. 3).

## Kompensation der absorptiven Störeinflüsse

Im Hinblick auf die Vielzahl der bei der Analyse von erzhaltigen Mineralproben beteiligten Elemente ergeben sich recht komplizierte Verhältnisse. Eine Korrekturrechnung steht noch in ihren Anfängen und ist, von den mühsamen Rechenoperationen abgesehen, zur Zeit noch unsicher (vgl. SHERMAN 1954 und 1955).

### Innerer Standard

In der Praxis gilt die Einführung eines inneren Standards als sicherster Weg zur Kompensierung von Absorptionsstöreffekten.

Die Methode mit innerem Standard beruht — analog der optischen Spektralanalyse — auf der Zugabe eines bestimmten konstanten Zusatzes eines Vergleichselementes zu jeder Analysenprobe. Das Vergleichselement darf natürlich nicht in der Mineralprobe vorkommen. Theoretisch soll die Vergleichslinie des inneren Standards möglichst nahe bei der Analysenlinie liegen — es kommen daher in erster Linie Elemente mit benachbarter Ordnungszahl in Frage —, damit beide Linien gleichermaßen von den Störeffekten der Absorption betroffen werden. Im Idealfall muß jedem Analysenelement eigens ein Vergleichselement zugeordnet werden.

Die Elementkonzentration wird bestimmt als Funktion des Verhältnisses der gemessenen Röntgenfluoreszenzintensitäten von Analysen- und Vergleichslinie. Untersucht man auf diese Weise Mineralproben verschiedenen Typs, so werden bei gleichen Analysenelementkonzentrationen die Intensitätsverhältnisse im wesentlichen konstant sein, wenn sich auch in den verschieden stark absorbierenden Grundmassen die absoluten Intensitäten der Linien ändern mögen.

Die Wahl eines geeigneten inneren Standards setzt eine kritische Untersuchung der Linien- und Absorptionsbandenverhältnisse bezüglich des speziellen analytischen Problems voraus. Im vorliegenden Fall wurde Germanium als inneres Standardelement gewählt.

Tab. 1 zeigt die auftretenden intensiven Röntgenemissionslinien und die ihnen korrespondierenden Absorptionskanten, geordnet nach abnehmender Wellenlänge λ in Å.

In Tab. 1 sind auch drei Emissionslinien des Wolframs aufgeführt. Obwohl Wolfram in den untersuchten Gesteinen nicht vorkommt, muß mit seiner charakteristischen Röntgenstrahlung gerechnet werden, da bei Verwendung einer Wolframanode als primärer Röntgenstrahler — wie in unserem Falle — ein Bruchteil der Wolframlinienintensität vom Analysatorkristall und auch von der Analysenprobe gestreut wird und daher im Spektrogramm zur Geltung kommt.

Aus Tab. 1 ist zu entnehmen, daß die Linien $Ge_{K\alpha}$ und $W_{L\beta_3}$ koinzidieren, ihre Intensitätsmaxima werden vom Analysatorkristall (Lithiumfluorid) nicht genügend getrennt. Daher wurde als Vergleichslinie an Stelle von $Ge_{K\alpha}$ die Linie $Ge_{K\beta}$ gewählt. Eine weitere störende, völlige Linienkoinzidenz ist die der Hauptlinien von Blei ($Pb_{L\alpha}$) und Arsen ($As_{K\alpha}$).

Für die Bleibestimmung mußte daher auf die Bleilinie $Pb_{L\beta}$ zurückgegriffen werden. Abgesehen von diesen Koinzidenzstörungen muß mit selektiver Absorption gerechnet

Tabelle 1

| Reflexionswinkel 2Θ° (LiF) | Emissionslinien λ (Å) | Absorptionskanten λ (Å) |
|---|---|---|
| 48,65 | $Ni_{K\alpha}$ 1,65 | |
| 47,46 | $Co_{K\beta 1}$ 1,62 | |
| | | $Co_K$ 1,608 |
| 45,00 | $Cu_{K\alpha}$ 1,542 | |
| 43,73 | $Ni_{K\beta 1}$ 1,497 | |
| | | $Ni_K$ 1,488 |
| 42,99 | $W_{L\alpha}$ 1,476 | |
| 41,80 | $Zn_{K\alpha}$ 1,435 | |
| 40,43 | $Cu_{K\beta 1}$ 1,392 | |
| | | $Cu_K$ 1,380 |
| 37,54 | $Zn_{K\beta}$ 1,296 | |
| | | $Zn_K$ 1,283 |
| 37,12 | $W_{L\beta 1}$ 1,282 | |
| 36,55 | $W_{L\beta 3}$ 1,263 | |
| 36,50 | $Ge_{K\alpha}$ 1,255 | |
| 34,00 | $Pb_{L\alpha}$ 1,175 | |
| 34,00 | $As_{K\alpha}$ 1,175 | |
| 32,55 | $Ge_{K\beta 1}$ 1,129 | |
| | | $Ge_K$ 1,116 |
| 30,44 | $As_{K\beta}$ 1,057 | |
| 28,22 | $Pb_{L\beta}$ 0,982 | |
| | | $Pb_{LIII}$ 0,951 |

werden. Die Absorptionsverhältnisse lassen sich im einzelnen aus der schematischen Darstellung der beteiligten Emissionslinien und korrespondierenden Absorptionskanten deutlich erkennen (Abb. 4). Der Fall eines Anregungseffektes infolge sekundärer Fluoreszenz tritt nicht auf. Nachteilig kann sich am stärksten die Absorptionsbande des Zinks auswirken, weil die Intensität der $Ge_{K\beta}$-Linie geschwächt und dadurch zu hohe Kupfergehalte vorgetäuscht werden könnten. Wenn auch die Germanium-Vergleichslinie $Ge_{K\beta}$ relativ weit von der Absorptionskante des Zinks entfernt liegt, so vermag sich die selektive Absorption doch bei hohen Zinkkonzentrationen auszuwirken. Auch die Nickelabsorptionsbande kann die Kupferlinie $Cu_{K\alpha}$ stärker absorbieren als die Germanium-Vergleichslinie. Diese Fehlermöglichkeit darf jedoch vernachlässigt werden, da Nickel in den von uns zu untersuchenden Gesteinen gewöhnlich nur in Mengen von weniger als 0,1% vorkommt.

Eine andere beachtenswerte Störquelle stellt die Anwesenheit großer Arsenmengen dar. Die Blei-Analysenlinie $Pb_{L\beta}$ kann durch die Absorptionsbande des Arsens geschwächt werden, so daß in diesem Falle zu kleine Bleimengen gefunden würden. Die kritische Betrachtung der möglichen Störeffekte lehrt, daß die Genauigkeit der Methode mit $Ge_{K\beta}$ als Vergleichslinie bei höheren Gehalten insbesondere an Zink, Nickel und Arsen herabgemindert wird.

#### Verdünnung

Durch die von CARL & CAMPBELL (1954) und von GUNN (1957) erprobte Probenverdünnung mit einer nicht störenden Trägersubstanz ist eine weitere Möglichkeit gegeben, um die Störeffekte durch gegenseitige Absorption der Elemente zu verringern. GUNN arbeitete mit dem hohen Verdünnungsverhältnis 1:19 und konnte auf diese Weise eine quantitative Untersuchungsmethode für Bestimmungen im Konzentrationsbereich von 1 bis 100% ohne inneren Standard entwickeln. Da für unser Problem auch kleine Blei-, Kupfer- und Zinkgehalte ab 0,01% bestimmt werden sollten und die Proben in der Hauptsache aus wenig absorbierenden Silikat- bzw. Karbonatverbindungen zusammengesetzt sind, war eine so starke Verdünnung nicht angebracht. Eine Verdünnung der Probe im Verhältnis 1 : 1 nach Gewicht erwies sich als passend. Wegen seines niedrigen Absorptionskoeffizienten und wegen seiner von GUNN nachgewiesenen, ausgezeichneten Mischbarkeit wurde reines Lithiumkarbonat als Verdünnungsmittel verwendet. Mit der Probenverdünnung ist ein weiterer bedeutender Vorteil verbunden; der innere Standard kann dem Lithiumkarbonat sehr innig in Pulverform beigemischt werden, so daß bei der Verdünnung einer jeden Analysenprobe im Gewichtsverhältnis 1:1 ihr gleichzeitig die richtige konstante Menge innerer Standard zugeteilt wird. Für Routineuntersuchungen empfiehlt es sich, von vornherein eine größere Menge Standardmischung (Lithiumkarbonat + innerer Standard) herzustellen. Bei der röntgenfluoreszenzspektrometrischen Untersuchung von Kupferschiefern, Dolomiten, Porphyriten und anderen Gesteinen auf Blei, Kupfer und Zink hat sich die Kombination der Verfahren mit innerem Standard und mit Probenverdünnung als wirksames Mittel zur Verringerung der Störeffekte erwiesen.

#### Probenvorbereitung

Die Standardmischung setzt sich zusammen aus: 148,5 g Lithiumkarbonat + 1,5 g Germaniumdioxyd. 1 g Standardmischung wird mit 1 g Probepulver einer Kornfeinheit von kleiner als 0,06 mm homogen vermischt, so daß 2 g Pulverpräparat für jede Einzeluntersuchung in den Probenhalter gebracht werden. Das Pulver wird durch einen Stempel von Hand unter gleichem Druck im Probenhalter zusammengepreßt.

Durch Versuche wurde festgestellt, daß das Pressen von Pulvertabletten im vorliegenden Fall keine Vorteile mit sich bringt.

### Messung der Strahlungsintensität

Die moderne Röntgenspektrometrie verwendet zum Nachweis und zur Messung der Röntgenstrahlung spezielle elektronische Zählvorrichtungen. Geiger-, Proportional- und Szintillationszählrohre haben den photographischen Film infolge ihrer höheren Empfindlichkeit und Anzeigegenauigkeit völlig verdrängt.

Bei der Wahl eines geeigneten Strahlendetektors ist die Empfindlichkeit in Abhängigkeit von der zu messenden Wellenlänge besonders zu berücksichtigen. Aus Tab. 1 ist ersichtlich, daß bei unseren Untersuchungen der Wellenlängenbereich von 0,98 bis 1,54 Å in Frage kommt. Abb. 5 zeigt den Quantenzählwirkungsgrad in Prozent für verschiedene Röntgenzählrohre in Abhängigkeit von der Wellenlänge der Röntgenstrahlen (DOWLING, HENDEE, KOHLER & PARRISH 1956). Der Quantenzählwirkungsgrad gibt an, wieviel Prozent der auf das Zählrohrfenster fallenden Quanten gezählt wird. Man sieht, daß der Wellenlängenbereich zwischen $Pb_{L\beta}$- und $Cu_{K\alpha}$-Strahlung vom Szintillationszähler mit wesentlich größerem Wirkungsgrad als vom Geigerzähler empfangen wird. Überdies läßt der Szintillationszähler auf Grund seiner geringen Totzeit von nur 0,2 µsec (gegenüber 200—300 µsec beim Geigerzähler) die Messung sehr großer Intensitäten ohne Zählverluste zu.

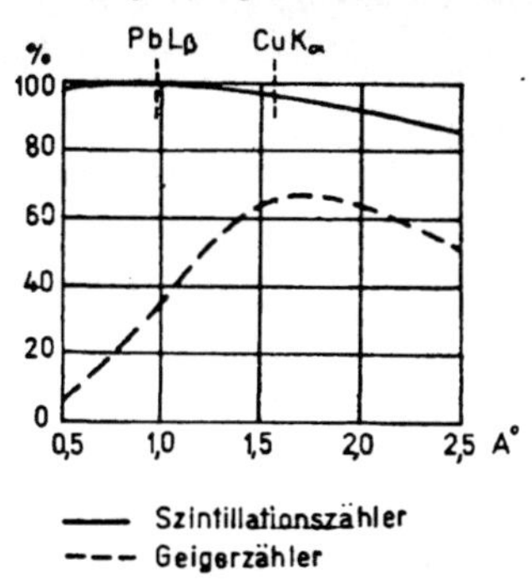


Abb. 5. Quantenzählwirkungsgrad in % für verschiedene Röntgenzählrohre in Abhängigkeit von der Wellenlänge der Röntgenstrahlen (nach DOWLING, HENDEE, KOHLER & PARRISH, 1956)

Die Verwendung eines Szintillationszählers in Verbindung mit Lithiumfluorid als Analysatorkristall (d = 2,01 Å) garantiert hohe Empfindlichkeit und große Dispersion im zu messenden Spektralbereich.

Unsere Röntgenspektrometereinrichtung läßt zwei Arten von Impulsmessung zu. Das Wellenlängenspektrum kann mit dem Strahlendetektor abgetastet werden; dabei wird der über eine bestimmte konstante Zeit gemittelte Impulsstrom auf ein

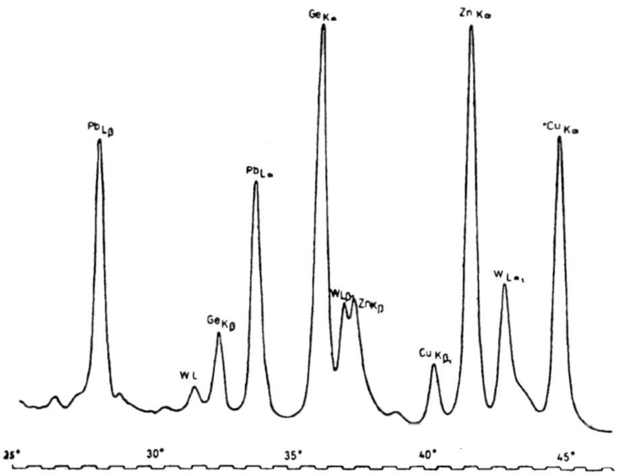


Abb. 6. Schreiberdiagramm einer Kupferschieferprobe mit 1,49% Pb, 0,87% Cu und 0,65% Zn

Schreibergerät übertragen, dessen Papierstreifen sich synchron mit dem am Goniometer befestigten Strahlendetektor bewegt. Auf diese Weise wird die Strahlungsintensität in Abhängigkeit vom Reflexionswinkel 2 Θ, d. h. von der Wellenlänge, aufgezeichnet. Diese Art der Impulsmessung dient zur röntgenspektrometrischen Übersichtsanalyse einer Probe; sie gestattet aber auch, quantitative Aussagen aus der Höhe der Intensitätsspitzen (Scheitelhöhen) zu machen. Abb. 6 zeigt das Schreiberdiagramm einer Kupferschieferprobe mit 1,49% Pb, 0,87% Cu und 0,65% Zn.

Die andere Möglichkeit der Impulsmessung ist das Zählen der Impulse mit einer Zähl- und Zeitmeßeinrichtung. Hierzu wird das Zählrohr auf einen Reflexionswinkel eingestellt, der der Wellenlänge der zu messenden Röntgenlinie, d. h. dem Maximum der abgebeugten charakteristischen Strahlungsintensität, entspricht. Es wird eine bestimmte Anzahl von Impulsen gezählt (Impulszahlvorwahl) und gleichzeitig die zugehörige Zeit gemessen. Man kann auch umgekehrt eine bestimmte Zeitlang (Zeitvorwahl) die Anzahl der Impulse messen.

## Gehaltsbestimmung

Für die Untersuchung von Gesteinsproben auf Blei, Kupfer und Zink wurden beide vorgenannten Arten von Intensitätsmeßverfahren angewendet.

### Verfahren der Impulsmessung mit Zählwerk

Bei der quantitativen Analyse ist die Impulszählung allgemein üblich und gilt als die genaueste Methode der Intensitätsmessung. Infolge der obenbegründeten Einführung eines inneren Standards müssen für eine Gehaltsbestimmung die Intensitäten des Analysenelementes und des inneren Standards gemessen werden. Da wir drei Elemente (Pb, Cu, Zn) auf einen inneren Standard (Ge) beziehen, fallen auf drei Bestimmungen vier Impulsmessungen. Demgegenüber muß bei der einfachen Methode ohne inneren Standard die Intensität des Untergrundes unmittelbar neben jeder Linie mitbestimmt werden, so daß in diesem Falle für drei Bestimmungen sechs Impulsmessungen durchzuführen sind.

Unsere Methodik der Impulsmessung soll am Beispiel der Bestimmung des Intensitätsverhältnisses Kupferlinie $Cu_{K\alpha}$ zu Germaniumlinie $Ge_{K\beta}$ näher erläutert werden. Die Impulsfrequenz (Impulszahl/sec) braucht im einzelnen nicht berechnet zu werden. Es genügt lediglich die Ermittlung des reziproken Quotienten der Meßzeiten; denn:

$$I_{Cu_{K\alpha}} / I_{Ge_{K\beta}} = \frac{\text{Impulszahl } (Cu_{K\alpha})/\text{Zeiteinheit}}{\text{Impulszahl } (Ge_{K\beta})/\text{Zeiteinheit}}$$

Da wir nicht mit fester Zähldauer sondern mit Impulszahlvorwahl arbeiten, gilt:

$$\frac{\text{konstante Impulszahl/Zeit } (Cu_{K\alpha})}{\text{konstante Impulszahl/Zeit } (Ge_{K\beta})} = \frac{\text{Zeit } (Ge_{K\beta})}{\text{Zeit } (Cu_{K\alpha})}$$

Die Bestimmung des Intensitätsverhältnisses gestaltet sich daher sehr einfach nach folgendem Beispiel:

| Untersetzungsfaktor | Zeit (sec) für 1000 Impulse (3 Dekaden) | |
|---|---|---|
| | $Cu_{K\alpha}$ | $Ge_{K\beta}$ |
| 64 | 5,2 | 29,8 (Mittel aus drei Messungen) |
| 256 | 20,8 (Mittel aus drei Messungen) | |

Reduziert man die Empfangszeit für 256000 Impulse der Kupferstrahlung auf die Untersetzerstufe, 64 also auf 64000 Impulse, so ergibt sich eine Zeit von 5,2 sec.

Das Intensitätsverhältnis ausgedrückt als

$$\frac{\text{Zeit } (Ge_{K\beta})}{\text{Zeit } (Cu_{K\alpha})} \text{ ist dann } \frac{29,8}{5,2} = 5,73$$

Man braucht also für die Bestimmung des Intensitätsverhältnisses praktisch nur eine Division mit dem Rechenschieber vorzunehmen. Alle Impulsmessungen sind mit einer statistischen Streuung behaftet, die um so geringer ist, je mehr Impulse gemessen werden.

Für die Impulsmessung ist der mittlere Fehler $1\sigma$:

$$\sigma = \frac{1}{\sqrt[2]{N}}$$

N — Anzahl der Impulse

Mißt man — wie in unserem Falle — 64000 Impulse, so wird:

$$\sigma = \frac{1}{\sqrt[2]{64\,000}} = \pm 0,004$$

Mit 68% Wahrscheinlichkeit ist dann der relative Fehler, der durch die statistische Streuung der Quantenzählung hervorgerufen wird, $\pm 0,4\%$. Bei der Messung von 256000 Impulsen würde sich der Fehler auf $\pm 0,2\%$ verringern. Diese Fehlerquelle ist daher im Vergleich zu den anderen Stör-

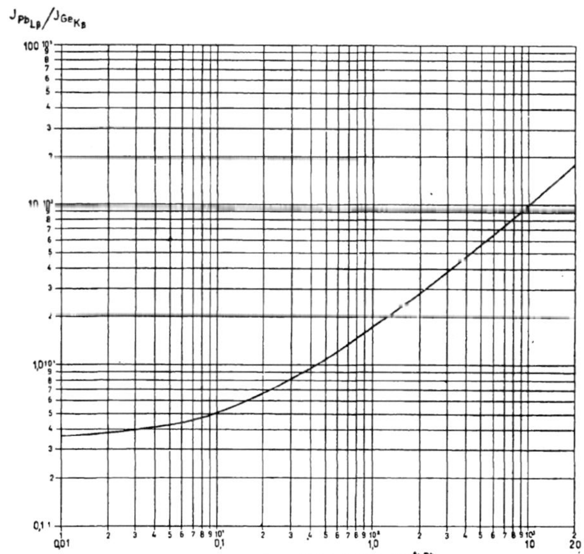


Abb. 7. Eichkurve für Blei von 0,01 bis 20%

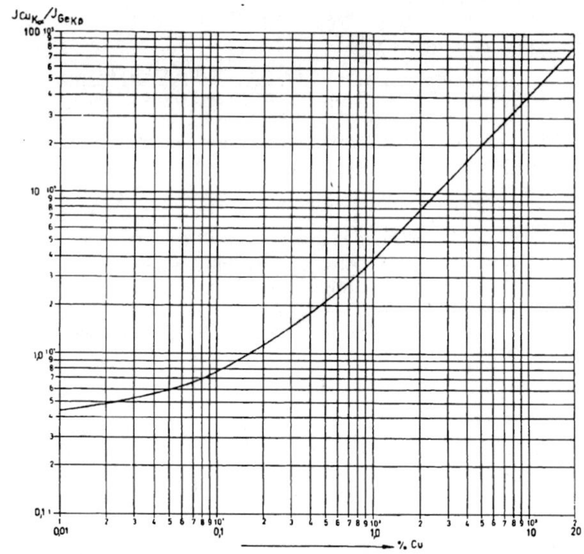

Abb. 8. Eichkurve für Kupfer von 0,01 bis 20%

möglichkeiten in der Röntgenspektrometrie als unbedeutend anzusehen.

Das Intensitätsverhältnis zwischen Analysenlinie und Linie des inneren Standards wird in Beziehung zur Konzentration des Analysenelementes gesetzt. Mit Hilfe einer Reihe natürlicher, chemisch genau untersuchter Eichproben werden Eichkurven aufgenommen. Die Abbildungen 7, 8 und 9 zeigen die Eichkurven für Blei-, Kupfer- und Zinkgehalte im Bereich von 0,01 bis 20 Gew.-%.

#### Nomographische Gehaltsbestimmung aus dem Schreiberdiagramm

Bei unseren Versuchen hat sich herausgestellt, daß man auch aus dem Schreiberdiagramm sehr schnell und mit ausreichender Genauigkeit die Metallgehalte quantitativ bestimmen kann. Im Schreiberdiagramm (Abb. 6) ist die Höhe der Intensitätsspitzen der Eigenstrahlung eine Funktion des Gehaltes an dem jeweilig untersuchten Element.

Die Scheitelhöhe der Spektrallinien, die vom Schreibgerät momentan aufgezeichnet wird, unterliegt einer nicht geringen statistischen Schwankung. Die einzelne Aufzeichnung durch den Schreiber enthält nach PARRISH (1956) den mittleren Fehler 1σ von:

$$\sigma = \frac{1}{2n \cdot RC}$$

n — Zählfrequenz (Imp./sec)
RC — Produkt aus Widerstand und Kapazität, die Zeitkonstante des Integrators

Fixiert man das Zählrohr auf die Wellenlänge einer bestimmten Analysenlinie und läßt den Schreiber weiterlaufen, so erhält man eine schnell schwankende Kurve, die die statistischen Schwankungen der Scheitelhöhenänderungen zum Ausdruck bringt (vgl. Abb. 10). Zieht man nun durch das zittrige Kurvendiagramm nach Augenmaß eine gerade Mittellinie, so wird der statistische Fehler stark herabgesetzt (PEISER, ROOKSBY & WILSON 1955). Wenn mit einem Untersetzungsfaktor von 256 und einem Drei-Dekaden-Zählwerk gearbeitet wird, so daß das Zählrohr 256000 Impulse empfängt, so genügt die Schreibdauer von etwa eineinhalb Minuten, entsprechend 3 bis 4 cm Papiervorschub, um durch zeichnerische Mittelung den statistischen Fehler praktisch auszuschalten.

Die Niveauhöhen der Kurvenmittellinien in Millimeter werden direkt in Beziehung zur Konzentration des Analysenelementes gesetzt. Das geschieht wie bei der Gehaltsbestimmung mit Hilfe der Impulsmessung durch Aufstellung von Eichkurven mittels Proben bekannter Zusammensetzung.

Auf der Ordinate werden die Niveauhöhen in Millimeter bezogen auf die Scheitelhöhe des inneren Standards (Nullhöhe) und auf der Abszisse die Elementkonzentration in Prozent aufgetragen. Zur Gehaltsbestimmung mißt man auf dem Schreiberdiagramm die Differenz zwischen den Scheitelhöhen von Analysenlinie und Linie des inneren Standards in Millimeter und entnimmt aus der Eichkurve den Gehaltswert in Prozent.

Dieses Verfahren läßt sich jedoch stark vereinfachen, indem an Hand der Eichkurven Nomogramme auf Millimeterpapier gezeichnet werden, die die Gehaltsprozente direkt durch Anlegen an das Schreiberdiagramm abzulesen gestatten. Dadurch wird die Zeit für die Auswertung der Diagramme erheblich verkürzt, was gerade bei Routineuntersuchungen vorteilhaft ist. Abb. 11 zeigt das Nomogramm für die Kupferbestimmung von 0,01 bis 1,5% Cu.

Sind höhere Kupfergehalte zu bestimmen, so werden Anodenspannung bzw. Stromstärke so weit herabgesetzt, daß die sich einstellende Scheitelhöhe der Kupferlinie $Cu_{K\alpha}$ noch innerhalb der Papierbreite des Schreibers liegt. Wir werten die Schreiberdiagramme mittels acht verschiedener Nomogramme aus, denen folgende Konzentrationsbereiche und Spannungs- sowie Stromdaten zugrunde liegen:

| Nomogramm | I | II | III |
|---|---|---|---|
| Blei | 0,01 – 3,0%<br>30 kV, 30 mA | 2,6 – 10%<br>22 kV, 30 mA | – |
| Kupfer | 0,01 – 1,5%<br>30 kV, 30 mA | 1,0 – 2,9%<br>20 kV, 30 mA | 2,0 – 13%<br>20 kV, 6 mA |
| Zink | 0,01 – 0,8%<br>30 kV, 30 mA | 0,7 – 2,5%<br>20 kV, 30 mA | 2,5 – 10%<br>20 kV, 6 mA |

Die Kupfer- und Zinkgehalte werden also mit Hilfe von drei, der Bleigehalt mit Hilfe von zwei Konzen-

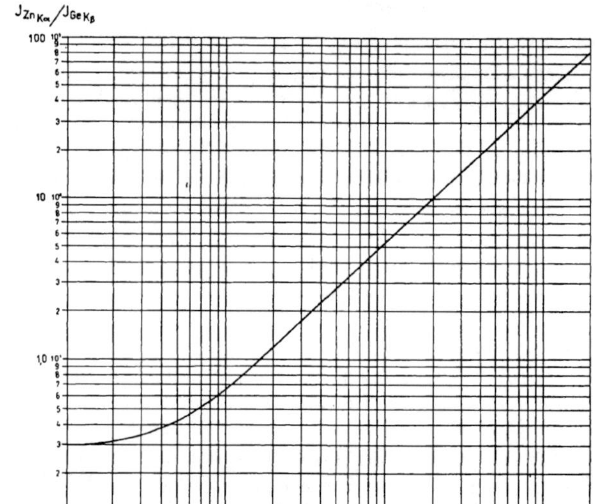

Abb. 9. Eichkurve für Zink von 0,01 bis 20%

trationsspannen erfaßt. Der Gesamtaufwand an Zeit ist für das Verfahren der Gehaltsbestimmung durch Impulsmessung mit Zählwerk etwa zwei- bis dreimal so groß wie für die nomographische Bestimmung aus dem Schreiberdiagramm.

Der Vorteil der Zeitersparnis durch die nomographische Bestimmung läßt sogleich die Frage nach einem Genauigkeitsvergleich beider Meßverfahren aufkommen.

## Beurteilung der Meßverfahren

Wie bereits dargelegt, ist die statistische Streuung bei der Quantenmessung relativ gering. Bei der Zählung von 256000 Impulsen beträgt die Standardabweichung $1\ \sigma = 0{,}2\%$.

Beim Schreiberdiagramm-Verfahren wird die statistische Schwankung durch zeichnerische Mittelung weitgehend eliminiert. Für die Beurteilung eines Meßverfahrens ist aber gerade sein Gesamtfehler von Bedeutung; angefangen bei der Probenvorbereitung, Präparierung im Probenhalter über die Intensitätsmessung bis zur Auswertung mit ihren Ableseungenauigkeiten, d. h. einschließlich aller Fehler, die nicht von der eigentlichen Intensitätsmessung herrühren. Daß diese „äußeren" Abweichungen gewöhnlich höher liegen als die quantenstatistischen, ist bekannt.

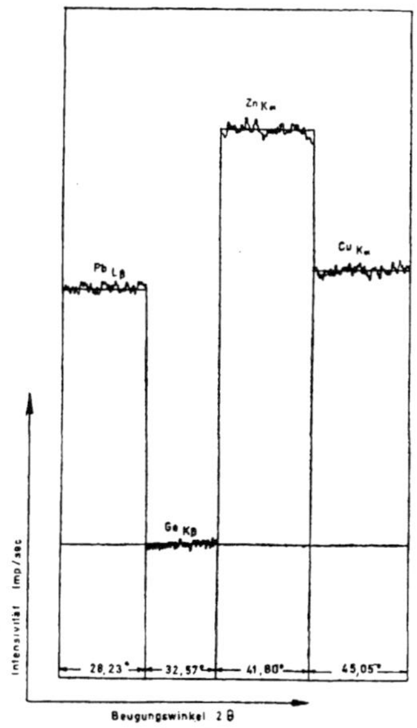


Abb. 10. Schreiberdiagramm für die nomographische Auswertung

Zur Prüfung der beschriebenen beiden Meßverfahren wurde an 25 Einzelmessungen der mittlere Fehler des Meßverfahrens (Standardabweichung $1\sigma$) berechnet, wobei zwei Kupferschieferproben, eine mit geringem (Probe A) und eine mit verhältnismäßig hohem Metallgehalt (Probe B), untersucht wurden. Tab. 2 zeigt die Ergebnisse der statistischen Fehlerrechnung.

Tab. 2. Reproduzierbarkeit der Meßverfahren aus 25 Einzelbestimmungen separater Pulverpräparationen

| Art des Meßverfahrens | Kupferschieferprobe | Mittlerer Fehler des Meßverfahrens (1σ) | | | |
|---|---|---|---|---|---|
| | | Fehlertyp | Blei | Kupfer | Zink |
| I Impulsmessung mit Zählwerk | A | abs. | ± 0,0028 | ± 0,00086 | ± 0,0041 |
| | | rel. | ± 0,86% | ± 0,78% | ± 1,2% |
| | B | abs. | ± 0,057 | ± 0,021 | ± 0,0199 |
| | | rel. | ± 1,2% | ± 0,72% | ± 0,86% |
| II nomographisch aus Schreiberdiagramm | A | abs. | ± 0,0046 | ± 0,0033 | ± 0,0027 |
| | | rel. | ± 1,4% | ± 2,9% | ± 0,79% |
| | B | abs. | ± 0,058 | ± 0,023 | ± 0,034 |
| | | rel. | ± 1,2% | ± 0,81% | ± 1,5% |

A enthält: 0,32% Pb; 0,11% Cu; 0,34% Zn } Mittelwerte aus 25 Einzelbestimmungen
B enthält: 4,77% Pb; 2,87% Cu; 2,31% Zn

Die Standardabweichung bewegt sich bei der Impulsmessung mit Zählwerk (Verfahren I) zwischen 0,72 und 1,2%, bei der nomographischen Bestimmung aus dem Schreiberdiagramm (Verfahren II) zwischen 0,79 und 1,5%; abgesehen von dem höheren Fehler von 2,9% für die Kupferbestimmung in Probe A mit 0,11% Cu. Hieraus läßt sich schließen, daß bei ganz kleinen Gehalten Verfahren I dem Verfahren II überlegen ist. Davon abgesehen, können beide Verfahren als annähernd gleichwertig betrachtet werden. Die höhere Untersuchungsgeschwindigkeit des Verfahrens II rechtfertigt daher seinen Einsatz für Routinebestimmungen. Eine weitere Herabsetzung des Meßfehlers durch noch feinere Pulverisierung und Homogenisierung des Probegutes wäre möglich.

Will man nun ein Bild von der Genauigkeit der Meßergebnisse an Proben verschiedener Zusammensetzung gewinnen, so ist man durch die Eichung des Verfahrens auf die Zuverlässigkeit chemischer Analysenergebnisse angewiesen. Zur Bestimmung der wahren Gehalte müßten Proben mit genau bekanntem Gehalt zur Verfügung stehen. In Ermangelung derartiger Standardproben ist die Prüfung der Analysengenauigkeit eines physikalischen Verfahrens schwierig. Die chemischen Analysenverfahren selbst sind bekanntlich mit Fehlern behaftet. Systematische Fehler sind meist unbekannt, und die Standardabweichung wird gewöhnlich aus Mangel an Zeit oder auch Probenmaterial nicht ermittelt. Stellt man einfach die röntgenspektrometrisch gefundenen Ergebnisse den chemischen gegenüber, so addieren sich die Fehler beider Untersuchungsmethoden, ohne daß über die Genauigkeit der einzelnen Methode Aufschluß gewonnen wird (vgl. KAISER 1937 und KAISER & SPECKER 1956). Auf jeden Fall ist es falsch, bei einem derartigen Vergleich die chemischen Analysenergebnisse stillschweigend als makellosen Maßstab anzunehmen und alle auftretenden Abweichungen der physikalischen Methode zuzuordnen.

Die Erfahrungen, die im Laufe eines Jahres bei Routineuntersuchungen an mehr als 2000 erzhaltigen Gesteinen gewonnen wurden, haben gezeigt, daß selbst auf Grund einer derartigen bedenklichen Gegenüberstellung röntgenspektrometrischer mit chemischen Routineergebnissen ohne Verwendung von Standardproben eine Übereinstimmung erzielt wird, die bei Metallgehalten bis 3%, zum Teil auch bis 5% der für Vorratsberechnungen geforderten Genauigkeit entspricht. Unter der Voraussetzung, daß die Probenvorbereitung zügig vonstatten geht, können nach dem röntgenspektrometrischen Verfahren II an einem Arbeitstag 40 bis 50 Proben, einschließlich quantitativer Auswertung auf Blei, Kupfer und Zink, analysiert werden. Für die sorgfältige Ausführung sehr vieler röntgenspektrometrischer Untersuchungen ist der Verfasser Herrn W. GLOSINSKI zu Dank verpflichtet.

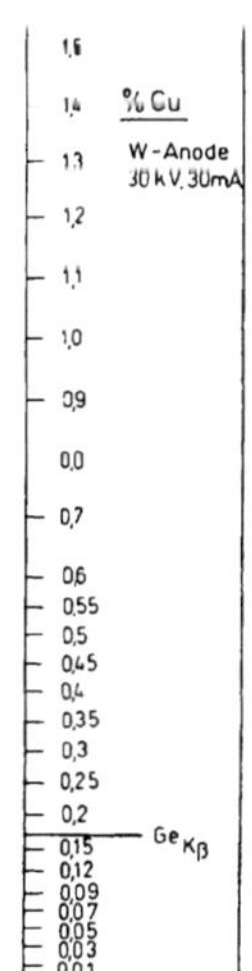


Abb. 11. Nomogramm für die Kupferbestimmung von 0,01 bis 1,5%

**Zusammenfassung**

Eine röntgenfluoreszenzanalytische Methode zur Untersuchung auf Blei, Kupfer und Zink, die an über 2000 erzhaltigen Gesteinen erprobt wurde, wird eingehend beschrieben. Die möglichen Störeinflüsse werden einer kritischen Betrachtung unterzogen. Störungen durch den Korngrößeneffekt lassen sich durch weitgehende Probenzerkleinerung, durch selektive Absorption hervorgerufene Störungen durch Zugabe von Germaniumdioxyd als innerem Standard und gleichzeitig durch Verdünnung mit Lithiumkarbonat kompensieren.

Die Messung der Röntgenstrahlenintensität mit dem Szintillationszähler unter Verwendung von Lithiumfluorid als Analysatorkristall kann auf zweierlei Weise erfolgen: durch Impulsmessung mit einem Drei-Dekaden-Zählwerk oder durch nomographische Auswertung von Schreiberdiagrammen.

Die Standardabweichung beider Meßverfahren liegt in der gleichen Größenordnung; sie schwankt im Mittel um ein Prozent.

Die Gehaltsbestimmung mittels nomographischer Auswertung läßt sich zwei- bis dreimal schneller ausführen als die Impulszählung.

**Резюме**

Подробно описывается рентгено-флюоресцентный метод определения свинца, меди и цинка, который был применен на более чем 2000 пробах рудосодержащих пород. Возможные мешающие влияния подвергаются критическому рассмотру. Возникающие на основе эффекта размеров зерен неточности можно компенсировать достаточным дроблением проб, а неточности, вызванные селективной абсорбцией, прибавкой двуокиси германия как внутреннего стандарта и одновременно разбавлением карбонатом лития.

Замер интенсивности рентгеновских излучений сцинтилляционным счетчиком при использовании литиевого флюорида как кристалла-анализатора может быть сделан двояким способом: замером импульсов трехдекадным счетчиком или номографическим изображением на диаграмме при помощи самопишущего прибора.

Отклонение от стандарта этих двух методов замера показывает одну и ту же величину, колебание составляет в среднем один процент.

Определение содержания методом номографических изображений выполняется в два-три раза быстрее чем вычислением импулсов.

**Summary**

A x-ray fluorescence analytical method for the investigation of lead, copper and zinc, which was applied to more than 2,000 ore-bearing rocks, is described in detail. Possible influences of disturbance are subjected to a critical consideration. Disturbances produced by the grain size effect can be compensated by an extensive crushing of samples, while compensation of disturbances resulting from selective absorption is practicable by adding germanium dioxide as internal standard and simultaneous dilution with lithium carbonate.

The scintillation counter can be used in two different ways to measure x-ray intensity with the aid of lithium fluoride, either by pulse measurement using a three-decade counter mechanism, or by nomographic plotting of recorder diagrams. The standard deviation of both measuring methods has the same order, its average value varying about 1 per cent.

As compared to pulse measurement, nomographic plotting provides a determination of the content which permits a two to three times faster execution.

## Literatur

ADLER, J. & J. M. AXELROD: Internal standards in fluorescent x-ray spectroscopy. — Spectrochim. Acta, **7**, 91—99 (1955).

CARL, H. F. & W. J. CAMPBELL: The fluorescent x-ray spectrographic analysis of minerals. — A. S. T. M. Special Techn. Publ. No. 157, 63—68 (1954).

DOWLING, P. H., C. F. HENDEE, T. R. KOHLER & W. PARRISH: Counters for x-ray analysis. — Norelco Reporter, **4**, No. 2, 23—33 (1957).

GUNN, E. L.: Fluorescent x-ray spektral analysis of powdered solids by matrix dilution. — Analyt. Chemistry, **29**, 184—189 (1957).

KAISER, H.: Methodische Bemerkungen zur quantitativen Spektralanalyse. — Metallwirtschaft, **16**, 301—306 (1937).

KAISER, H. & H. SPECKER: Bewertung und Vergleich von Analysenverfahren. — Z. analyt. Chemie, **149**, 46—66 (1956).

OTTEMANN, J.: Spektrographisches Verfahren mit rotierender Preßrädchenelektrode zur quantitativen Bestimmung von Kupfer, Blei und Zink in Kupferschiefern. — Z. angew. Geol., **5**, 205—210 (1959a).

— Röntgenfluoreszenzspektrometrie und Mineralanalyse. — Z. angew. Geol., **8**, 473—478 (1959b).

PARRISH, W.: X-ray intensity measurements with counter tubes. — Philips Techn. Rev., **17**, 206—221 (1956).

PEISER, H. S., H. P. ROOKSBY & A. J. C. WILSON: X-ray diffraction by polycrystalline materials. — 223, London (1955).

SHERMAN, J.: The correlation between fluorescent x-ray intensity and chemical composition. — A. S. T. M. Special Techn. Publ. No. 157, 27—33 (1954).

— The theoretical derivation of fluorescent x-ray intensities from mixtures. — Spectrochim. Acta, **7**, 283—306 (1955).

# Überblick über die Geologie des Meßtischblattes Rothenburg (4655) und methodische Fragen der Kartierung

DIETRICH STEDING & GOTTFRIED SCHUBERT, Freiberg (Sa.)

## Einleitung

Im Gebiet der nordöstlichen Oberlausitz, das seit dem zweiten Weltkrieg zum ehemaligen Land Sachsen gehört, gibt es von verschiedenen Meßtischblättern noch keine geologischen Spezialkarten. Es handelt sich vor allem um die Blätter Rothenburg (4655), Horka (4755), Mücka (4654) und Niesky (4754), die jetzt beschleunigt bearbeitet werden.

Im folgenden soll über die geologischen Verhältnisse des Meßtischblattes Rothenburg (4655), für das die Aufnahmearbeiten im Jahre 1958 abgeschlossen wurden, berichtet werden. Der zweite Teil der Arbeit behandelt einige methodische Fragen der Kartierung. Da ein Teil der stratigraphischen Probleme erst durch die Kartierung der umliegenden Meßtischblätter geklärt werden kann, trägt diese Arbeit den Charakter einer vorläufigen Mitteilung. Zur besseren Orientierung ist in der Abb. die Lage des Meßtischblattes Rothenburg durch eine gerissene Linie dargestellt. Die im Text erwähnten Ortsnamen sind ebenfalls in dieser Lageskizze enthalten.

## Geologische Ergebnisse

Das im Bereich des Meßtischblattes liegende Grundgebirge tritt nicht zutage, es konnte lediglich durch verschiedene Bohrungen erreicht werden. Das P a l ä o z o i k u m steht unmittelbar südlich des Blattrandes bei Niesky (Blatt Niesky) in der Grube des Tonwerkes Weidmannsheim in Form von hellen zersetzten Schiefern an, die möglicherweise dem Devon angehören (mündliche Mitteilung durch Dipl.-Geol. G. HIRSCHMANN). Auch der Porphyrit des Weinberges westlich Horka gehört mit zu den nördlichsten Vorkommen von anstehendem und aufgeschlossenem Paläozoikum in diesem Raum. Durch mehrere Bohrungen konnten in den letzten Jahren nordöstlich von Niesky silurische Kieselschiefer und Alaunschieferzersatz angetroffen werden. Eine im Jahre 1960 südwestlich Uhsmannsdorf gestoßene Kartierungsbohrung traf bei 65 m unter Geländeoberkante Rotliegendes in Form eines außerordentlich mürben Detritus aus aufgearbeitetem Tonschiefermaterial, Quarz, verwitterten Feldspäten in hellrötlicher, toniger

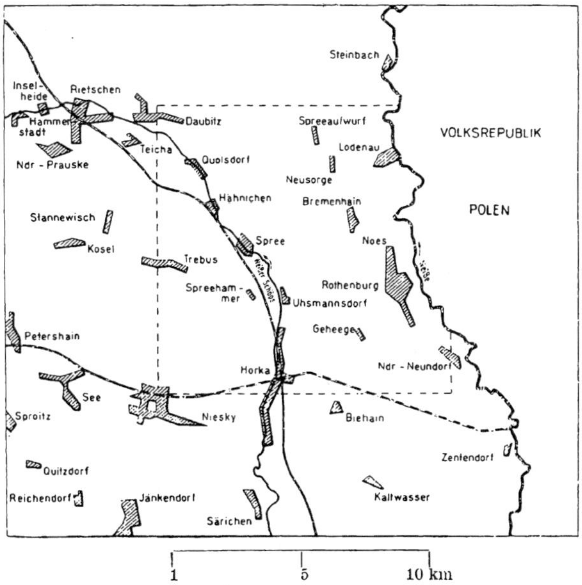


Geographische Übersicht des Kartierungsgebietes

Grundmasse sowie rötliche Schieferletten an. Das Einfallen der Schichten betrug etwa 20—30°g. Diese Serie konnte nicht durchteuft werden.

Mesozoikum konnte in zwei Kartierungsbohrungen erbohrt werden, und zwar westlich Bremenhain in Form von mittelkörnigen, fast fossilleeren Sandsteinen, vermutlich des Coniac-Santon, und nordöstlich Uhsmannsdorf in Form sicherer mittel- und oberturoner Tonmergel (nach Mitteilung von Dr. K.-A. TRÖGER). Es wurde möglich, drei staffelförmig angeordnete saxonische Bruchlinien in nordwest—südöstlicher Richtung im Bereich des Nordlausitzer Hauptabbruches nachzuweisen. Die Untersuchungen darüber sind noch nicht ganz abgeschlossen.

Das Tertiär tritt im Bereich des Meßtischblattes an mehreren Stellen zutage. Größere Ausdehnung besitzt es zwischen Horka und Niesky sowie am Blattrand westlich Hähnichen und Quolsdorf. Die stratigraphischen Verhältnisse sollen hier nicht näher erläutert werden (siehe QUITZOW 1953; MEHNER 1957a, 1957b, 1958; KRUTZSCH & LOTSCH 1958). Nur soviel sei bemerkt, daß es sich vorwiegend um miozäne Tone, Sande und Braunkohlen handelt, die örtlich von pliozänen feldspatführenden, scharfkantigen Quarzsanden und -feinkiesen mit Einkieselungen (HULTZSCH 1956) und „Posener Flammenton" überlagert werden.

Durch die alte Grube des ehemaligen Zinzendorf-Tonwerkes am Wespenberg westlich Horka wurde ein Aufschluß geschaffen, der eine ähnliche Ausbildung zeigt wie der von CEPEK (1958) aus einer Tongrube südlich Weißwasser beschriebene.

Unter 1,5 m mächtigen präglazialen Neißekiesen (Mittel- bis Grobkies) folgen pliozäne, eckige Quarzsande und -feinkiese mit sehr viel z. T. kaolinisierten Feldspatbruchstücken. Diese Schichtenfolge wird unterlagert von einem hellgrauen, intensiv rot oder rotbraun geflammten Ton, dessen gesamte Mächtigkeit wegen der ungünstigen Aufschlußverhältnisse nicht bekannt ist. Er ist gegenwärtig in einer Mächtigkeit von 1 m aufgeschlossen. CEPEK stellt den „Flammenton" als westlichen Ausläufer des Posener Flammentones an die Grenze Miozän/Pliozän.

Den größten Raum nehmen die verschiedenaltrigen Ablagerungen des Quartärs ein (s. Tab.).

Die hier versuchte stratigraphische Einstufung kann sich durch die fortschreitende Spezialkartierung der benachbarten Meßtischblätter geringfügig ändern. Im wesentlichen konnten die Altersdeutungen von GRAHMANN (1928, 1934), GENIESER (1955, 1956, 1959) und WOLDSTEDT (1955) bestätigt werden, während die Ansichten von OLBRICHT (1921) und HELPAP (1935), speziell ihre Einstufung des Neißeschwemmkegels, revidiert werden mußten.

Ältestpleistozäne (präglaziale) Flußschotter der Elbe, die schon bei GENIESER (1955), FLIEGNER (1955) und HULTZSCH (1956) Erwähnung fanden, konnten in beachtlicher flächenhafter Verbreitung westlich Quolsdorf und Spree über pliozänen Sanden in sehr unterschiedlicher Mächtigkeit nachgewiesen und kartiert werden. Diese Schotter gehören nach GENIESER dem „Bautzener Elbelauf" (E-Talboden) an. Sie sind charakterisiert durch sehr gut gerundete Quarze, rote und schwarze Kieselschiefer, Kieselhölzer, Trümmerachate, mittelkambrische böhmische Konglomerate, Kastenquarze, rote Gneise und andere. Nördlich und nordöstlich Niesky war es den Verfassern möglich, feuersteinfreie, meist gut gerundete Flußschotter eines präglazialen Neißelaufes nachzuweisen. Nach GENIESER (1959) gehörte die Görlitzer Neiße zur Zeit des E-Talbodens dem Flußgebiet der Elbe an; sie muß, da im Elbematerial häufig Neißekiese enthalten sind, etwa nördlich oder nordwestlich von Niesky in die „Bautzener Elbe" eingemündet sein.

Die von CEPEK (1958) beschriebenen Kiese bei Weißwasser dürften wegen der Führung von rot-weißen Achat-Quarz-Brekzien nicht als reine Neißekiese anzusehen sein, da am Wespenberg westlich Horka und in verschiedenen weiter südlich gelegenen Aufschlüssen der präglazialen Neiße diese nicht angetroffen wurden. Ver-

Stratigraphische Tabelle der Quartärablagerungen auf dem Meßtischblatt Rothenburg

| | | |
|---|---|---|
| Holozän | | Auelehme, Flachmoortorf, Aueterrassen, Moorerden |
| Würm-Eiszeit | | Dünensande<br>Niederterrassen der Neiße |
| Eem-Warmzeit | | Einschneidung der Flüsse<br>(Neiße $>$ 20 m) |
| Riß-Eiszeit | Warthe-Vorstoß | Schwemmkegel der Neiße<br>Talsande und -kiese des Breslau-Magdeburger Urstromtales<br>Flußkiese (südlich) |
| | Drenthe-Vorstoß | Schmelzwassersande und -kiese<br>Grundmoräne<br>Bändertone |
| Holstein-Warmzeit | | Einschneidung der Flüsse |
| Mindel-Eiszeit | | Grundmoräne und Bändertone — 2 Vorstöße |
| Pliozän | | Quarzsande und -feinkiese mit Einkieselungen, feldspatführend |

mutlich handelt es sich um Schotter des „Bautzener Elbelaufes".

Die ältesten glazialen Bildungen gehören der Mindel-Eiszeit an. Sie konnten nur in einigen Flachbohrungen in Form von zwei dunkelgrauen Geschiebemergelhorizonten mit zwischengelagerten Bändertonen, Schmelzwasserkiesen oder kalkhaltigen Sanden angetroffen werden.

Größere Verbreitung besitzen dagegen die jüngeren riß-eiszeitlichen Ablagerungen. Die Maximalausdehnung des Riß-Eises ist noch nicht völlig bekannt. Untersuchungen darüber sind z. Z. noch im Gange. Sicher dürfte sein, daß das Eis eine wesentlich größere Ausdehnung nach Süden hatte als bisher angenommen wurde. Wahrscheinlich ist die „Löbauer Grundmoräne" GRAHMANNS (1934) ein Residuum der riß-eiszeitlichen Grundmoräne. Es dürfte sich um den ältesten Vorstoß (Maximalausdehnung) der Riß-Eiszeit i. e. S. handeln, der etwa dem Drenthe-Vorstoß (WOLDSTEDT 1954) entspricht. Durch die Bohrung K 10/57, etwa 800 Meter südlich des Ortes Trebus, wurde das folgende Profil erbohrt:

Höhe über NN: 158,6 m

| | |
|---|---|
| 0,0— 4,50 m | Geschiebelehm, stark schluffig und sandig, gelbgrau, nach unten graugelb |
| — 8,20 m | Sand, schwach feinkiesig, graugelb |
| —11,50 m | Sand, schwach fein- bis mittelkiesig, schluffig, grau |
| —20,50 m | Sand, fein- bis mittelkiesig, kalkhaltig, grau |
| —21,60 m | Schluff, schwach kalkhaltig, schichtig gelagert, braungrau |
| —22,70 m | Sand, schwach fein- bis grobkiesig, kalkhaltig, grau |
| —23,50 m | Geschiebemergel, sandig, schluffig, schwach tonig, dunkelgrau |
| —24,20 m | Sand, fein- bis grobkiesig, kalkhaltig, grau |
| —35,40 m | Geschiebemergel, stark tonig, stark kalkhaltig, braungrau |
| —41,60 m | Feinsand, stark kalkhaltig, grau |
| —42,50 m | Geschiebemergel, schwach tonig, stark kalkhaltig, dunkelgrau |

(Endtiefe)

Die Bohrung mußte im Geschiebemergel wegen technischer Schwierigkeiten abgebrochen werden. Der oberste Geschiebelehm (0,0 bis 4,5 m) wird von den Verfassern als Grundmoräne der Riß-Eiszeit eingestuft. Dieser Geschiebelehm wurde bei der Kartierung in weiter flächenhafter Verbreitung nachgewiesen. Der sich südlich anschließende, aus Schmelzwasserkies mit großen Geschieben bestehende Höhenrücken, der von Uhsmannsdorf über Spreehammer, See und Petershain verläuft, wird zu einer Staffel der Riß-Eiszeit i. e. S. gerechnet. Die Geschiebemergel ab 22,70 m unter Gelände gehören zur Mindel-Eiszeit.

Aus dem Gebiet südlich Geheege zieht sich in nordwestlicher Richtung bis Uhsmannsdorf eine Fläche von hellgrauen, sandigen Fein- bis Mittelkiesen (bis 20 m mächtig) hin, deren fluviatiler Charakter unzweifelhaft ist. In nördlicher Richtung tauchen sie unter den mittelkörnigen Talsanden des sog. Breslau-Magdeburger Urstromtales unter, die etwa die Hälfte des Meßtischblattbereiches einnehmen.

Die mittelkörnigen Talsande erreichen Mächtigkeiten von etwa 8 bis 12 Meter, selten darüber. Sie setzen sich aus fast reinen, gut gerundeten Quarzsanden zusammen, bei denen die Mittelsandfraktion 80 bis 90 Gew.-% ausmacht. Nach dem Liegenden tritt eine Kornvergröberung ein; die Sande gehen in kiesigen Sand bis sandigen Fein- bis Mittelkies über. Möglicherweise sind sie mit den obenbeschriebenen fluviatilen Kiesen identisch. In einer Bohrung wurde diese Serie rund 31 Meter mächtig. Von den reinen Schmelzwasserkiesen unterscheiden sie sich durch den geringen Anteil an nordischem Material. Für die Wasserversorgung werden diese Ablagerungen, die nach GRAHMANN (1928) ins Warthe-Stadium gehören, in diesem Raum künftig große Bedeutung erlangen.

Eine Ablagerung, die ebenfalls in die jüngste Zeit des Warthe-Vorstoßes gehört, stellt der sog. Schwemmkegel der Neiße dar. Er liegt diskordant über den Talsanden. Von der mehr als 20 Meter tiefen eem-interglazialen Einschneidung der Neiße ist er mit erfaßt worden. Die sandigen Fein- bis Mittelkiese des morphologisch in flachen Erhebungen erkennbaren Schwemmkegels breiten sich, fächerförmig von der SE-Ecke des Meßtischblattes ausgehend, über den mittleren und östlichen Blatteil aus. Die westliche Begrenzung kann etwa durch die Linie Niederneundorf-Uhsmannsdorf-Neusorge-Spreeaufwurf angegeben werden. Eine petrographische Schotteranalyse in der Fraktion 10 bis 20 mm ergab folgende Zusammensetzung:

| | |
|---|---|
| Quarz | 49,0% |
| Feldspat | 31,5% |
| Granit, Porphyr u. ähnl. | 10,0% |
| Übrige Gesteine | 9,5% |

Ähnliche Werte zeigte eine ganze Reihe weiterer Schotteranalysen. Ein derartig niedriger Quarzanteil und hoher Feldspatgehalt (kissenförmige und tafelige, hellfleischfarbene Isergebirgsfeldspäte) konnten bisher in keiner anderen Ablagerung dieses Gebietes gefunden werden, so daß sich die Schwemmkegelbildung jederzeit deutlich von anderen unterscheidet.

Die Würm-Eiszeit ist im Arbeitsgebiet nur durch die Niederterrassen der Neiße und weit verbreitete Dünensande vertreten. GRAHMANN (1934) beschrieb aus dem Neißetal bei Priebus (nördlich Steinbach) zwei Niederterrassen, die auch im Bereich des Meßtischblattes Rothenburg an einzelnen Stellen sicher nachgewiesen werden konnten. Die Dünensande setzen sowohl auf den Hochflächenbildungen als auch auf den Talsand- und Schwemmkegelflächen auf, sie sind meist als SE—NW oder E—W streichende Strichdünen, selten als nach Westen offene Parabeldünen oder unregelmäßig geformte Dünenkomplexe ausgebildet.

Periglaziale Schuttdecken verhüllen besonders im SW-Teil des Arbeitsgebietes die verschiedenen geologischen Bildungen. Diese Schuttdecken bestehen aus einer sandigen bis lehmigen ungeschichteten Grundmasse, in der unterschiedlich abgerollte Gerölle und Geschiebe sowie Windkanter entweder unregelmäßig eingelagert sind oder sich zu einer Steinsohle angereichert haben. Sie werden 0,20 bis 0,80 m mächtig.

Holozäne Bildungen in Form von Aulehmen (Weißer Schöps und Neiße), Flachmoortorf, Moorerde, Abschlämmassen usw. bedecken größere Flächen. Der Aulehm des Weißen Schöps hat einen weitaus höheren Anteil von Schluff als der Aulehm der Neiße, der mehr sandig ausgebildet ist.

Flugsandumlagerungen haben noch im Holozän stattgefunden, wie u. a. aus mehreren vorgeschichtlichen, insbesondere bronzezeitlichen Funden unter Flug- bzw. Dünensandbedeckung hervorgeht (mündliche Auskunft

B. FRIEDLANDS, Abteilung für Urgeschichte der Städtischen Kunstsammlungen Görlitz).

Durch die glazigene Dynamik und durch sicher nachgewiesene posthume tektonische Erscheinungen im Pleistozän (Untersuchungen noch nicht abgeschlossen) sind die Lagerungsverhältnisse, insbesondere der quartären Sedimente, sehr kompliziert. Die weitere Spezialkartierung wird über diese Probleme endgültige Aussagen machen können.

## Methodische Fragen der Kartierung

Die Spezialkartierung im Flachland der Deutschen Demokratischen Republik, die vor einigen Jahren wieder aufgenommen wurde, mußte zu den alten Methoden neue hinzufügen, um geologische Karten zu schaffen, die den wissenschaftlichen und wirtschaftlichen Erfordernissen gerecht werden.

Die „Geschäftsanweisung für die geologisch-agronomische Aufnahme im Norddeutschen Flachlande", die 1908 erschien und für die Kartierung des Preußischen Geologischen Landesamtes bis vor dem zweiten Weltkrieg richtungweisend war, ist überholt und für unsere Zwecke, speziell im Randgebiet des Quartärs, nicht mehr ausreichend.

Der 2-m-Peilstangenbohrer ist zwar leider nach wie vor noch eines der wesentlichsten Kartierungshilfsmittel; daneben sind aber Kartierungsschürfe und tiefere Kartierungsbohrungen wichtige Bestandteile komplexer geologischer Untersuchungen im Rahmen der Spezialkartierung geworden.

Das Meßtischblatt wurde in den Jahren 1957/58 von den Verfassern erstmalig im Maßstab 1:25000 geologisch aufgenommen. Als Kartenunterlage für die Aufnahme im Gelände sind fotografische Vergrößerungen (Maßstab 1:10000) verwendet worden. Leider ist die topographische Unterlage sehr veraltet — die Aufnahme fand 1889, die letzte Berichtigung 1939 statt —, so daß Ungenauigkeiten von vornherein mit in Kauf genommen werden mußten.

Der vorliegende methodische Teil dieser Arbeit soll den Meinungsaustausch in Kartierungsfragen fördern und nicht zuletzt ein Beitrag für eine künftige Kartierungsanweisung sein.

Die geologische Aufnahme einer Karte umfaßt folgende Arbeitsetappen:

1. Vorarbeiten, 2. Geologische Aufnahmearbeiten im Gelände, 3. Abschließende Arbeiten und Auswertung.

#### Vorarbeiten

a) Literaturstudium
b) Auswertung des Bohrarchives des Geologischen Dienstes Freiberg, Auswertung von Gutachten usw.
c) Registrierung und Auswertung der Bohrungen und Schürfe der Forstlichen Standortserkundung
d) Orientierende Geländebesichtigungen
e) Herstellung einer morphologischen Karte
f) Arbeitsplan zur Durchführung der Geländearbeiten
g) Die Meßtischblattvergrößerung im Maßstab 1:10000 (Fotokopie) wurde in 25 Abschnitte geteilt; diese wurden auf Pappe aufgezogen und sind zusammenklappbar.
h) Vorbereitung des Arbeitsgerätes und der Geländeausrüstung
i) Benachrichtigung von Behörden und Institutionen (Rat des Kreises, Forst, Grenzpolizei usw.) von der Kartierungsarbeit und Einholen von Genehmigungen

#### Geologische Aufnahmearbeiten im Gelände

Der Erfolg der geologischen Geländearbeit ist u. a. abhängig von einer exakten Beobachtung und Beschreibung aller geologischen Erscheinungen und Aufschlüsse sowie vor allem von der übersichtlichen Registrierung der Aufnahmen und Untersuchungsergebnisse.

Bei der Kartierung wurde ein „geologisches Feldblatt" und ein „Bohrfeldblatt" im Maßstab 1:10000 geführt.

In das Geologische Feldblatt wurden eingetragen:

1. Geologische bzw. stratigraphische Symbole
2. Geologische Grenzen (nachgewiesen und vermutet)
3. Natürliche und künstliche Aufschlüsse mit Aufschlußnummer (ausgenommen sind Bohrungen)
4. Bestreuungsziffern
5. Häufiges Auftreten von Windkantern
6. An der Geländeoberfläche stagnierendes Wasser
7. Quellaustritte
8. Hinweise auf standortbedingte Pflanzen (z. B. saure Gräser, Auftreten von Fichten in Bereichen mit tonigem Untergrund usw.)
9. Topographische Verbesserungen, soweit diese für die Lokalisierung der Beobachtungen und geologischen Erscheinungen von Bedeutung sind.
10. Charakteristische Geländekanten, wie Erosionskanten, soweit sie noch nicht auf der topographischen Unterlage verzeichnet sind.
11. Geländeanstieg bzw. -abfall, wenn er nicht durch Höhenlinien zum Ausdruck kommt und für Schlußfolgerungen wichtig erscheint.

Das „Bohrfeldblatt" enthält sämtliche Bohrungen (Peilstangenbohrungen, tiefere Kartierungsbohrungen, Brunnenbohrungen und andere, soweit sie vom kartierenden Geologen bearbeitet worden sind), Kartierungsschürfe, Schürfe und Bohrungen der forstwirtschaftlichen Standorterkundung u. a. Aufschlüsse.

Die hydrogeologischen Aufnahmen, wie Wasserspiegelmessungen in Brunnen usw., wurden auf besonderen Kartenunterlagen eingetragen. Vom „geologischen Feldblatt" und vom „Bohrfeldblatt" sind Duplikate als Reinkarten im gleichen Maßstab geführt worden, die nicht mit in das Gelände genommen wurden.

Als sehr praktisch hat sich eine sog. „Dokumentationskarte" im Maßstab 1:25000 erwiesen, die als Deckpause des Meßtischblattes auf Klarzell angelegt wurde. Sie enthält alle auf den Bohrfeldblättern eingetragenen Bohr- und Aufschlußpunkte und ermöglicht eine schnelle Übersicht über die Aufschlußverhältnisse, Zahl der Dokumentationspunkte pro km² usw. Von dieser Karte können jederzeit Lichtpausen hergestellt werden. Die Numerierung der Peilstangenbohrungen und der Aufschlüsse erfolgte in der gleichen Art wie auf den einzelnen Blattausschnitten im Maßstab 1:10000, also ausschnittsweise. Die Peilstangenbohrungen wurden nicht schematisch in einem Netz angeordnet, sondern nur nach geologischen Erfordernissen.

Bei der Aufnahme von Aufschlüssen hat sich ein Schema bewährt, das folgende Punkte enthält: Topographische Lage des Aufschlusses (Rechts- und Hochwert, Beschreibung), Richtung der Längserstreckung, Größe (Längserstreckung, Breite, Höhe der Wände), Güte (Beobachtbarkeit) des Aufschlusses, Art (Steinbruch, Kiesgrube, Wegeinschnitt, Baugrube usw.), Verwendungszweck des abgebauten Materials, vermutliche Dauer der Erhaltung. Stratigraphische Verhältnisse, die Lithologie bzw. Petrographie, die Lagerungsverhältnisse, Absonderungen, Verwitterung und Bodenbildung werden den Verhältnissen entsprechend beschrieben. Angefertigte Skizzen und Fotos werden der Aufschlußbeschreibung beigegeben und registriert. Selbstverständlich werden bei Probenentnahme auch die Probenummern der vorgedruckten Probeblocks mit erfaßt.

Ein solches Aufnahmeschema kann nach besonderen geologischen Gegebenheiten natürlich einige Abwandlungen erfahren. Sämtliche Feldaufnahmen werden von den kartierenden Geologen mit Schreibmaschine geschrieben und in einem sog. Feldreinbuch in einem oder mehreren Ordnern ausschnittsweise zusammengefaßt.

In der Geschäftsanweisung der Preußischen Geologischen Landesanstalt von 1908 sind als Hilfsmittel für die Kartierung sog. Bestreuungsziffern von 1—7 angegeben. Sie sind nach Ansicht der Verfasser wenig logisch aufgebaut. Praktischer und einfacher wäre eine Einteilung, die der zunehmenden Korngröße entspricht. Die folgende Gegenüberstellung soll das verdeutlichen.

| | Bestreuungsziffern nach der Preußischen Geschäftsanweisung von 1908 | | Änderungsvorschlag |
|---|---|---|---|
| 1 | Sand | 1 | Sand |
| 2 | Kies | 2 | Sand, feinkiesig |
| 3 | Kies und Gerölle (kleine Geschiebe) | 3 | Sand, fein- bis mittelkiesig |
| 4 | Sand, kiesig oder mit kiesiger Bestreuung | 4 | Sand, fein- bis grobkiesig mit wenig kleineren Geschieben |
| 5 | Sand mit kleinen Geschieben | 5 | Kies, fein bis grob, sandig |
| 6 | Sand oder kiesiger Sand mit kleinen Geschieben | 6 | Kies und Steine (kleinere Geschiebe bis 200 mm ∅) |
| 7 | Sand und Kies mit vielen kleinen und großen Geschieben | 7 | Kies, sandig, Steine, Blöcke (große Geschiebe) |

Diese Einteilung, die versuchsweise bei der Spezialkartierung Mücka (4654) verwendet wurde, hat sich besser bewährt als die alte. Besonders bei der Kartierung von Flußmaterial älterer südlicher Flüsse brachte sie Vorteile. Inwieweit das auf die vorwiegend glazialen Ablagerungen Norddeutschlands übertragen werden kann, muß einer Diskussion vorbehalten bleiben.

Auf der geologischen Karte wurden die Ablagerungen wie üblich bis zu einer Tiefe von 2 m unter Gelände erfaßt. Wurden in dem 2-m-Bereich mehrere auszuscheidende Schichten angetroffen, dann ist die tiefste Schicht mit flächenhafter Farbe angegeben worden, während die überlagernden Bildungen durch Schraffuren u. a. Signaturen auf der Grundfarbe dargestellt wurden. Diese Art der Darstellung hat gegenüber der bisher üblichen den Vorteil, daß die geologisch dominierenden Bildungen deutlicher hervorgehoben werden. So wurde z. B. die weniger als 2,0 m mächtige, kiesige Ablagerung des Neißeschwemmkegels über der Flächenfarbe des unterlagernden Talsandes mit einem Raster angelegt.

Wesentliche Faktoren zur Bestimmung der Sedimente sind petrographische Schotteranalysen, Geröllanalysen nach CAILLEUX, Rundungsmessungen, Siebanalysen, Schrägschichtungsmessungen u. a. Eine Vorschrift für die Anwendung einer bestimmten Methode läßt sich nicht geben. „Wie bei allen auf sedimentpetrographischen Vergleichen beruhenden Gliederungsversuchen des Quartärs muß man bedenken, daß keine Methode, weder diese noch ein andere, ein Allheilmittel gegen stratigraphische Unkenntnis ist, sondern daß der Vieldeutigkeit der Erscheinungen des Quartärs nur mit einer Kombination mehrerer Methoden zu Leibe gegangen werden kann" (LÜTTIG 1958). Fast immer hat die petrographische Schotteranalyse (Körnerzahlanalyse) gut deutbare Ergebnisse gebracht.

Die Beratung im Gelände durch versierte Bodenkundler hat sich sehr gut bewährt. Insbesondere bei der Aufnahme von Schürfen u. a. Aufschlüssen sind Hinweise und Untersuchungen über die Bodendynamik wichtig und vervollständigen bzw. berichtigen die Anschauungen in speziellen Fällen. Durch die Abteilung Bodengeologie des Geologischen Dienstes Freiberg wird jedem geologischen Erläuterungsband ein bodenkundlicher Teil beigefügt.

**Zusammenfassung**

Die geologischen Verhältnisse des Meßtischblattes Rothenburg wurden durch die Erstkartierung in den Jahren 1957 bis 1958 von den Verfassern im wesentlichen geklärt. Die Arbeit bringt eine kurze Zusammenfassung mit einer stratigraphischen Tabelle sowie die Beschreibung des methodischen Vorgehens bei der Spezialkartierung.

**Резюме**

Геологические условия района планшета Ротенбург были авторами в основном при первом картировании в 1957/58 г. г. выяснены. В этой работе дана краткая характеристика и стратиграфическая таблица, а также описание методики детального картирования.

**Summary**

Geological conditions of the Rothenburg plane table sheet were explained in the main by an initial mapping made by the authors in 1957/58. Results obtained are summarized. The paper also contains a stratigraphical table, as well as a description of methods used in special mapping.

## Literatur

CAILLEUX, A.: Morphoskopische Analyse der Geschiebe und Sandkörner und ihre Bedeutung für die Paläoklimatologie. — Geol. Rdsch., 40, Stuttgart 1952.

CEPEK, A. G.: Zum Pliozän in Brandenburg. — Ber. geol. Ges. DDR, 3, H. 2/3, Berlin 1958.

FLIEGNER, H.: Untersuchungen im Bereich der „präglazialen" Elbe. — Diplomarbeit, Berlin 1955.

GENIESER, K.: Ehemalige Elbeläufe in der Lausitz. — Geologie, 4, H. 3, Berlin 1955.

— Die geologische Flachlandkartierung in Vergangenheit und Zukunft. — Z. angew. Geol., 2, H. 1, Berlin 1956.

— Auch Steine können reden. Ergebnisse und Probleme der Flußgeröllforschung in Sachsen. — Sächsische Heimatblätter, H. 3, 1959.

GRAHMANN, R.: Über jungdiluviale und alluviale Torflager in der Grube Marga bei Senftenberg. — Abh. sächs. Akad. Wiss., Leipzig, math.-naturwiss. Kl., 40, 1928.

— Grundriß der Quartärgeologie Sachsens usw. — Aus Grundriß der Vorgeschichte Sachsens von W. FRENZEL, W. RADIG & O. RECHE, Leipzig 1934.

HECK, H.-L.: Bedürfnis, Methodik und Ökonomie geologischer Kartierung des Flachlandes. — Z. angew. Geol., 2, H. 1, Berlin 1956.

HELPAP, O.: Zur Morphologie der Niederlausitz. — Berl. Geogr. Arb., 8, 1935.

HULTZSCH, A.: Stratigraphie und Lagerungsverhältnisse der tertiären und quartären Schichten im Gebiet der Tonlagerstätte Rietschen. — Diplomarbeit 1956.

KEILHACK, K.: Geschäftsanweisung für die geologisch-agronomische Aufnahme im norddeutschen Flachlande. — Berlin 1908.

KRUTZSCH, W. & D. LOTSCH: Übersicht über die paläogeographische Entwicklung des zentraleuropäischen Alt-Tertiärs (ohne Tethys-Raum). — Ber. geol. Ges. DDR, 3, H. 2/3, Berlin 1958.

LÜTTIG, G.: Methodische Fragen der Geschiebeforschung. — Geol. Jb., 75, Hannover 1958.

MEHNER, W.: Das Tertiär und das Prätertiär der östlichen Niederlausitz. — Geologie, 6, H. 1, Berlin 1957 (1957a).

— Die Braunkohlenerkundung in der Lausitz. — Z. angew., Geol. 3, H. 11/12, Berlin 1957 (1957b).

— Vorläufige geologische und stratigraphische Ergebnisse im Tertiär der östlichen Niederlausitz. — Ber. geol. Ges. DDR, 3, H. 2/3, Berlin 1958.

OLBRICHT, K.: Neue Beobachtungen im Diluvium Schlesiens. — Jb. geol. L.-Anst., 42, Berlin 1921.

PIETZSCH, K.: Die geologischen Verhältnisse der Oberlausitz zwischen Görlitz, Weißenberg und Niesky. — Z. deutsch. geol. Ges., Berlin 1909.

QUITZOW, H. W.: Altersbeziehungen und Flözzusammenhänge in der jüngeren Braunkohlenformation nördlich der Mittelgebirge. — Geol. Jb., 68, Hannover 1953.

WOLDSTEDT, P.: Saaleeiszeit, Warthestadium und Weichseleiszeit in Norddeutschland. — Eiszeitalter u. Gegenwart, 4/5, 1954.

— Das Eiszeitalter. — 1. Bd., Stuttgart 1954.

— Norddeutschland und angrenzende Gebiete im Eiszeitalter. — Stuttgart 1955.

ZEUNER, F.: Die Schotteranalyse. Ein Verfahren zur Untersuchung der Genese von Flußschottern. — Geol. Rdsch., 24, Berlin 1933.

# Ingenieurgeologische Betrachtungen zum Abtrag des Altenburger Eisenbahntunnels

K. JOHANNES KLENGEL, Dresden

## 1. Einleitung

Der an der Strecke Leipzig—Hof gelegene Eisenbahntunnel Altenburg wurde in den Jahren 1877/78 gebaut. Er durchörtert im Nordosten der Stadt Altenburg in Ost—West-Richtung den Rücken eines ca. 1800 m langen, aus pleistozänen Ablagerungen bestehenden Höhenzuges (Abb. 1). Die den Tunnel überdeckenden eiszeitlichen Sedimente sind etwa 10—15 m mächtig. Um die Baukosten möglichst gering zu halten, wurden Voreinschnitte — im Westen von ca. 1000 m, im Osten von ca. 250 m Länge — hergestellt, so daß die Länge des Tunnels nur 375 m beträgt. Die Ausführung eines durchgehenden Einschnittes scheiterte am Fehlen einer geeigneten Kippe für die Aushubmassen und an den geologischen Verhältnissen. Man fürchtete das Eintreten von Rutschungen, die auch in den beiden Voreinschnitten bereits beim ersten Frostaufgang im Frühjahr 1879 in größerem Umfange auftraten und die Anlage von kostspieligen Stützmauern erforderten.

Die damaligen Voruntersuchungen beschränkten sich auf das Abteufen mehrerer Probeschächte und den Vortrieb eines Richt- und Sohlstollens. Dieser diente im wesentlichen der Wasserhaltung und gestattete es vor allem, das Auffahren des Tunnels gleichzeitig mit dem Beginn der Arbeiten an den Voreinschnitten vorzunehmen.

Als Baumaterial für den Tunnel wurde Porphyr aus den Paditzer Brüchen bei Altenburg und Sandstein der Sächsischen Schweiz aus den Oberkirchleithaer Brüchen bei Königstein mit einer Druckfestigkeit von ca. 300 kg/cm² verwendet.

Bereits wenige Jahre nach Fertigstellung traten sich rasch verstärkende Schäden und Zerstörungen am Sandsteinmauerwerk auf, deren Ursachen in der außerordentlich intensiven Einwirkung der Verwitterungsagentien in Form örtlich starken Zudranges von fließendem Wasser, intensiver Rauchgasentwicklung und damit Auftreten u. a. von $SO_4$- und $SO_3$-Ionen, wechselnder zusätzlicher Erwärmung und Abkühlung sowie Frosteinwirkung zu suchen sind.

Trotz wiederholter Ausbesserungsarbeiten hatten diese Schäden nach dem letzten Kriege einen Umfang angenommen, der entscheidende Sicherungsmaßnahmen erforderlich machte. Außerdem war für die geplante Elektrifizierung der Strecke das notwendige Lichtraumprofil vorzusehen. 1954 begann deshalb das Entwurfs- und Vermessungsbüro der Deutschen Reichsbahn mit der Bearbeitung von Vergleichsentwürfen, um die ökonomischste Lösung — die gleichzeitig eine dauernde Aufrechterhaltung des Verkehrs gestatten mußte — zu ermitteln. Neben dem zur Ausführung gekommenen Vorschlag der Tunnelfreilegung und -beseitigung unter Herstellung eines Einschnittes standen noch die Anlage eines neuen Einschnittes neben dem vorhandenen Tunnel oder eine Isolierung und Verstärkung des Tunnelmauerwerkes — also Weiterbenutzung des Tunnels — zur Diskussion. Beide Vorschläge scheiterten damals; einmal infolge schlechter Abkippmöglichkeiten der anfallenden ca. 900000 m³ Abtragmassen in der Nähe der Baustelle und zum anderen an der nicht vertretbaren Einengung des Tunnelprofiles.

Das Projekt „Tunnelabtrag Altenburg" wurde dann jedoch Anfang des Jahres 1956 in Angriff genommen. Um die auch für den heutigen Stand der Technik noch problematischen und komplizierten geologischen Verhältnisse — die in größeren Rutschungen im Voreinschnitt Altenburg in den Jahren 1954 und 1956 nach stärkeren Regenfällen mit einer Verschüttung der gesamten Gleisanlage ihren Ausdruck fanden — erfolgreich meistern zu können, wurde vor Baubeginn eine Anzahl Gutachten von bekannten Wissenschaftlern eingeholt. Auch ein „Wissenschaftlich-Technischer-Rat" mit Vertretern aus Wissenschaft und Praxis wurde zur Beratung von Projektierung und Bauausführung gebildet.

## 2. Geologischer Gesamtüberblick

Das Gebiet um Altenburg bildet mit dem Frohburger Becken die Verbindung zwischen der geologischen Einheit von Nordwestsachsen und dem Erzgebirgischen Becken, die durch das Granulitgebirge voneinander getrennt sind. Es ist ebenso wie Nordwestsachsen vor allem durch Vulkanite des Rotliegenden charakterisiert. Örtlich sind die dem Unterrotliegenden zuzuordnenden, violett gefärbten Glimmerporphyrite gut aufgeschlossen. Dis-

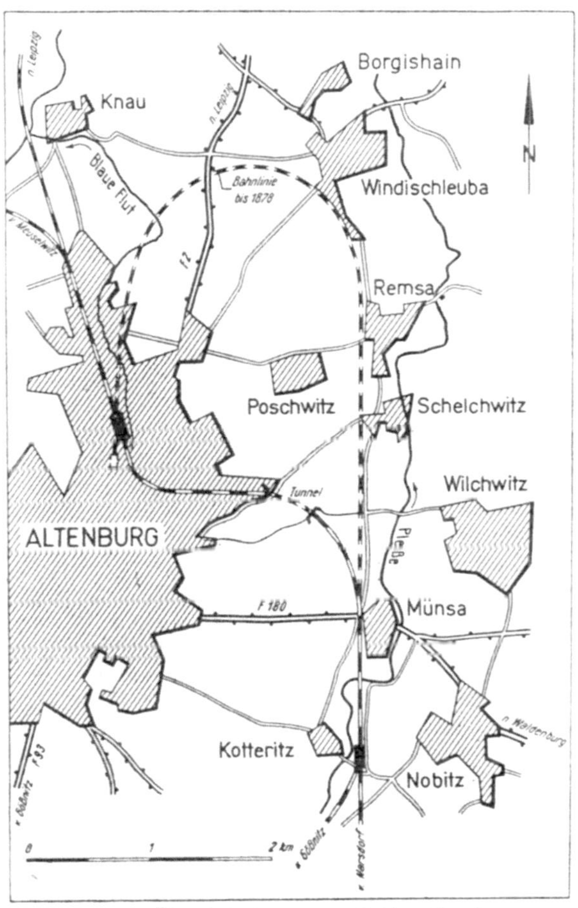


Abb. 1. Übersichtskarte vom Gebiet Altenburg

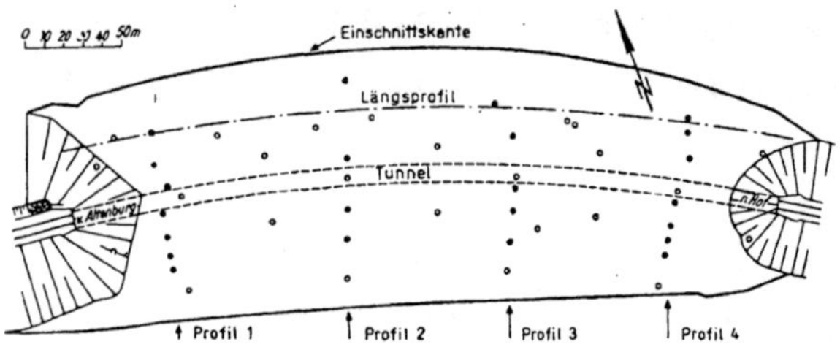


Abb. 2. Lageplan Baustelle Tunnelabtrag Altenburg mit Bohransatzpunkten

o – Vorbohrungen, • – Profilbohrungen

kordant darüber lagern Letten und Plattendolomit des Zechsteins sowie Sandsteine des Unteren Buntsandsteins. An jüngeren, voreiszeitlichen Ablagerungen sind noch Ausläufer eines Braunkohlenflözes sowie Tone, Sande und Kiese des Eozäns anzutreffen. Im Pleistozän hat nur die Elstervereisung das Gebiet um Altenburg erreicht (Vorkommen von Geschiebemergel), die Vorstöße der Saalevereisung gelangten bereits südlich Borna zum Stehen. Lößanwehungen unterschiedlicher Mächtigkeit, die oberflächlich verlehmt sind, verhüllen das ältere Pleistozän. Verwitterung und Abtragung haben heute ein flaches Hügelland herausmodelliert, das nach N absinkt und in die Leipziger Tieflandsbucht übergeht.

Wie aus den Bohrregistern und Veröffentlichungen aus der Zeit des Tunnelbaues hervorgeht, wurden bei den damaligen Aufschlußarbeiten im Liegenden der pleistozänen Sedimente Quarzsand und Braunkohle (wahrscheinlich Ablagerungen des Eozäns), in größerer Teufe bunter Sandstein (wahrscheinlich Unterer Buntsandstein) festgestellt.

## 3. Aufschluß des Untergrundes

Da bei den sehr schwierigen geologisch-hydrologischen Verhältnissen die Frage der zu wählenden Böschungsneigung und der Einschnittssicherung nur zu lösen ist, wenn alle notwendigen bodenphysikalisch-mechanischen Kennziffern bekannt sind, war vor allem die rechtzeitige Gewinnung von ungestörten Bodenproben für die Laboratoriumsuntersuchungen wichtig. Die Bedeutung dieser Vorarbeiten wurde vor allem dadurch betont, daß während der gesamten Bauzeit die Baustelle von einem Mitarbeiter des Geotechnischen Laboratoriums Dresden betreut wurde.

### 3.1 Bohrungen und Probenahme

Die bereits 1955 für die Vorentwürfe niedergebrachten 20 Bohrungen tasteten das gesamte Baugelände ab und gaben einen ersten Anhalt über die Schichtenfolge und die Wasserverhältnisse. Leider wurden aber die Ansatzpunkte der Bohrungen so festgelegt, daß genaue geologische Quer- und Längsprofile, die eine wichtige Voraussetzung für die gesamten Gleitsicherheitsuntersuchungen sind, nicht konstruiert werden konnten. Die Untersuchung der entnommenen 19 ungestörten Proben in einem Baugrundlaboratorium lieferte ebenfalls nur einen gewissen Überblick über das bodenmechanische Verhalten der anstehenden Lockergesteine. Die Anzahl der Proben reichte in keiner Weise aus, um die Frage der Standsicherheit der herzustellenden Einschnittsböschungen bei einem so umfangreichen Projekt hinreichend zu klären.

Erst auf Anraten des geotechnischen Gutachters wurde dann Ende des Jahres 1956 mit dem Abteufen weiterer Bohrungen begonnen. Es war nun leider nicht zu verhindern, daß noch nach Beginn der Bauarbeiten Bohrungen abgeteuft und schnell ausgewertet werden mußten. Bis Mitte 1957 wurden so gegen 25 weitere, rechtwinklig zum Tunnel in 4 Profilreihen von je ca. 80 m Abstand — unter Berücksichtigung der Abschnitte mit starker Wasserzusickerung — angesetzte Schappenbohrungen niedergebracht. Jede Profilreihe sollte dabei durchschnittlich 6 Bohrungen mit einem jeweiligen Abstand von 12—15 m umfassen (Abb. 2). Den Ausgangspunkt bildeten die beiden mittleren, direkt beiderseits des Tunnelfundamentes angesetzten Bohrungen. Die zu erreichende Teufe war mit mehreren Metern unter der vorgesehenen Böschung angegeben, damit für die spätere Berechnung von Gleitkreisen, die ja in Abhängigkeit von den Lagerungsverhältnissen auch mehrere Meter in das Anstehende hineingelegt werden, alle bodenphysikalischen Werte der von dort entnommenen Proben vorhanden sind. Nur so ist eine genaue Aufnahme der geologischen Schichtenfolge, der Lagerungsverhältnisse und der hydrologischen Einzelheiten möglich.

Die Entnahme ungestörter Proben erfolgte bei jeder Bohrung im allgemeinen alle 3—4 m, nach Möglichkeit wurde aber jeder Schichtenwechsel berücksichtigt. Die Schwierigkeit bestand naturgemäß darin, daß bei zunehmender Tiefe infolge der Schappenlänge geringmächtige Schichten (Linsen) leicht zu übersehen sind. In solchen Fällen konnten erst nach dem Ziehen der Schappe und Ausbreiten des Bohrgutes entsprechend gestörte Proben entnommen werden. Für die Entnahme ungestörter Proben kamen Stahlstutzen von 25—30 cm Länge und 10,8 cm ∅ zum Einsatz. Diese Größe war notwendig, um trotz der vorhandenen Randstörungszone genügend ungestörtes Material für den Einbau in die Triaxialgeräte und Oedometer zur Verfügung zu haben. Das Einschlagen der Stutzen erfolgte durch einen am Gestänge geführten und zu bewegenden Rammbär. Insgesamt wurden über 250 gestörte und gegen 200 ungestörte Proben entnommen.

Oft war beim Durchstoßen des Geschiebemergels infolge des Auftretens größerer Geschiebe der Meißeleinsatz unumgänglich. Einige Bohrungen mußten sogar, da ein Zertrümmern der Geschiebeblöcke unmöglich war, noch ehe die vorgesehene Teufe erreicht war, abgebrochen werden.

Soweit es sich ermöglichen ließ, wurden nach dem Ziehen der Bohrlochverrohrung Filterrohre gesetzt, um bis zum Beginn der Bauarbeiten in dem betreffenden Gebiet Grundwasserbeobachtungen durchführen zu können.

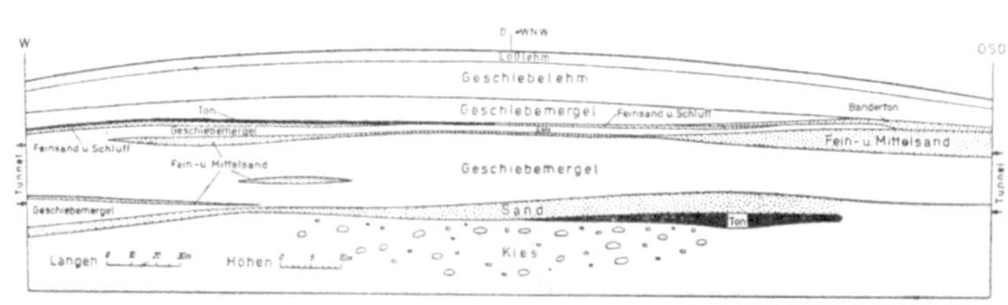


Abb. 3. Geologisches Längsprofil (vgl. Lageplan)

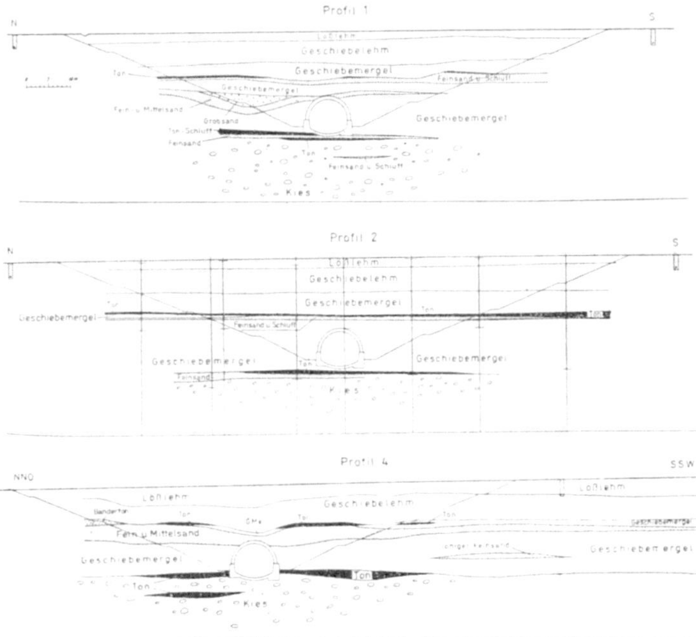


Abb. 4. Geologische Querprofile 1/2/4 (vgl. Lageplan)

Die horizontale Ablagerung der Sedimente ist deutlich zu erkennen. Im Profil 2 sind Bohransatzpunkte und erreichte Teufen mit angegeben.

### 3.2 Die anstehenden pleistozänen Lockergesteine und ihre Lagerungsverhältnisse

Die systematische Abbohrung des gesamten für den späteren Einschnitt vorgesehenen Geländes und die zahlreichen sorgfältig entnommenen Bodenproben gestatteten es, geologische Längs- und Querschnitte (Abb. 3 u. 4) vom Baugelände anzufertigen. Es ergab sich folgender Aufbau des Untergrundes: Unter einer 1—2 m mächtigen Lößlehmüberdeckung steht bis zu etwa 20 m Teufe Geschiebemergel an, dessen hangende Partien auf durchschnittlich 5 m Mächtigkeit verlehmt sind. Bei etwa 8—10 m Teufe ist in den Geschiebemergel ein durchgehender Horizont verschiedenkörniger Sande von zwischen 0,5 und 5 m wechselnder Mächtigkeit eingelagert. Verschiedentlich treten gemeinsam mit diesen Sanden feingeschichtete tonig-schluffige Sedimente auf. Im Liegenden der mächtigen Geschiebemergelbank stehen unter tonig-schluffigen bzw. sandigen Ablagerungen bis zur erbohrten Teufe von knapp 30 m Kiese an. Nach den früheren — während des Tunnelbaues getroffenen — Feststellungen sollen die Kiese sowohl westlich als auch östlich des Tunnelmundes an Mächtigkeit zunehmen und sich dabei mit den in den Geschiebemergel eingelagerten Sanden und Schluffen vereinigen.

Der Lößlehm zeigt eine völlig normale Ausbildung. Er ist gelblich-braun gefärbt und weist verschiedentlich helle Kalk- und rötliche Eisenhydroxydausfällungen auf. Wurzelkanälchen und vereinzelte Lößkindl wurden gefunden. Bodenphysikalisch ist er als schwach feinsandiger toniger Schluff zu bezeichnen. Er ist gut plastisch.

Der Geschiebemergel ist auffällig zerrüttet und geklüftet (Abb. 5). Er wurde durch die Eislast und -bewegung völlig von Scherflächen durchsetzt und zerknetet. Neben größeren Kluftflächen, die den Mergel in verschiedener Richtung durchsetzen, zeigt er eine feinmosaikartige Gliederung als Folge einer die Bruchgrenze überschrittenen Beanspruchung. Nicht selten waren Gleitharnische mit spiegelnden Flächen zu erkennen. Die Farbe des Geschiebemergels liegt zwischen grau bis schwarz. Die dunklen Partien überwiegen. Als Ursache dafür dürfte hier das Überfahren der tertiären Kohlevorkommen nördlich Altenburg und die Aufarbeitung dieser organischen Substanzen anzusehen sein. Der Geschiebelehm zeigt normale rötlich-braune Farbtöne. Hinsichtlich der Geschiebeverteilung ist festzustellen, daß im Vergleich zu den norddeutschen Mergeln eine gewisse Blockarmut auffällig ist.

Bodenphysikalisch handelt es sich um einen einheitlichen schwachtonigen, sandigen Schluff mit wechselndem — allerdings sehr schwachem — Kiesanteil. Er ist überwiegend sehr plastisch, die Werte seiner Bildsamkeit reichen bis zu $w_{fa} = 40$. Ausgetrocknet zeigt er jedoch eine bemerkenswerte Härte und Festigkeit. Stellenweise mußte sogar beim Abbaggern gesprengt werden, um überhaupt Abbau und Förderung zu ermöglichen.

Die in den Geschiebemergel eingelagerten Sandschichten bestehen im wesentlichen aus Fein- und Mittelsanden von grau-gelber Färbung, Grobsande treten nur sehr selten auf. Bei den erwähnten feinstkörnigen Sedimenten handelt es sich verschiedentlich um eine Wechsellagerung von tonig-schluffigem mit schluffig-feinsandigem Material (Abb. 6). Sie zeigen schwarz- bis dunkelgraue bzw. graubraune Farbtöne und im allgemeinen eine Feinschichtung von selten mehr als 2—3 mm Stärke. Ihre Gesamtmächtigkeit übersteigt selten einige dm. Es ist anzunehmen, daß diese Sedimente Reste von Bändertonablagerungen darstellen.

Zusammenfassend kann gesagt werden, daß die pleistozänen Sedimente mit ihrer fast völlig horizontalen Schichtenfolge typische Ablagerungen einer Grund-

Abb. 5. Typisches Bild vom Gefüge des Geschiebemergels

Die feinmosaikartige Gliederung infolge eiszeitlicher Beanspruchung ist gut zu erkennen. Unter der ausgetrockneten (hellen) Kruste ist der Geschiebemergel durchfeuchtet.

Abb. 6. Feingeschichtete sandig-schluffige und schluffig-tonige Sedimente in Wechsellagerung (Bänderton) südlich des Tunnels im Bereich von Profil 4

moräne sind. Infolge Auftretens des als Bänderton angesprochenen Sedimentes, sowohl an der Basis des Geschiebemergels als auch im Hangenden der in den Geschiebemergel eingelagerten, bis zu mehreren Metern mächtigen, als Schmelzwassersande anzusehenden, fein- bis mittelkörnigen Sande, läßt sich die Elstervereisung auch hier in zwei Einzelvorstöße aufgliedern. Die im Liegenden angeschnittenen Kiese können als „altdiluviale bzw. jüngste präglaziale Flußschotter" (GRAHMANN 1934) bezeichnet werden. Die vor mehr als 80 Jahren beim Auffahren des Tunnels gefundenen, offenbar eozänen Quarzsande und Braunkohlenflözchen wurden nicht wieder aufgeschlossen.

### 3.3 Hydrologische Verhältnisse

Mit Hilfe der Aufschlußbohrungen wurden mehrere in verschiedener Tiefe liegende Wasserhorizonte geringer Ausdehnung festgestellt. Ein zusammenhängender Grundwasserhorizont dürfte hier nicht vorhanden sein. Bemerkenswert ist in einer Tiefe zwischen 0,60 bis 2,80 m ein Sickerwasserhorizont, der eindeutig an der Grenze Lößlehm auftritt und in direkter Verbindung mit dem Niederschlagswasser steht. Die Ursache dafür liegt in der wesentlich geringeren Durchlässigkeit des im Liegenden befindlichen Lockergesteines. Die starke Zerklüftung des Gebirges bewirkt allerdings, daß eine gewisse Menge des Wassers in das Liegende abfließt. Die in 10—12 m Teufe vorhandenen Sandablagerungen zeigen dagegen keine durchgehende Wasserführung. Nur in flachen, muldenförmigen Eindellungen der Sandlagen ist eine stärkere Wasseransammlung nachweisbar.

Als Hauptursache dieser unregelmäßigen hydrologischen Verhältnisse muß einmal der außerordentlich stark zerscherte und geklüftete Geschiebemergel angesehen werden, der eine weitverzweigte Zirkulation und örtlich wechselnde Anreicherung des Wassers an hydrologisch besonders bevorzugten Stellen ermöglicht; zum anderen der Tunnel selbst, der als Dauerdränage riesigen Ausmaßes wirksam ist. Es ist anzunehmen, daß das gesamte, im tieferen Untergrund zirkulierende Wasser sich auf Grund des künstlich geschaffenen Gefälles zum Tunnel hin bewegt.

Das im Abschnitt 3.2 erwähnte Einbringen von Filterrohren zur Durchführung von Pegelmessungen brachte nicht den gewünschten Erfolg, da dadurch der obere Sickerwasserhorizont sein Wasser nach der Tiefe abgeben konnte und in Abhängigkeit von der Durchlässigkeit des Sedimentes, in dem die Bohrung eingestellt wurde, ein Versickern in größere Teufe oder ein Anstauen möglich wurde.

Infolgedessen waren bei vielen Bohrlöchern die nachfolgenden Pegelmessungen sehr ungenau. Ausschlaggebend für die Beurteilung der hydrologischen Verhältnisse konnten deshalb nur die während der Bohrungen festgestellten Tatsachen in Verbindung mit den Austrittspunkten des Wassers im Tunnel selbst sein.

## 4. Bodenphysikalische Untersuchungen und geotechnische Sicherungsmaßnahmen

Die Untersuchung der Gesteinsproben erfolgte im Geotechnischen Laboratorium der Hochschule für Verkehrswesen, das die gesamten Baugrunduntersuchungen und Standsicherheitsberechnungen übertragen bekommen hatte. An dem größeren Teil der ungestörten Proben wurden Raumgewicht ($\gamma$), spezifisches Gewicht ($\gamma_s$), natürlicher Wassergehalt ($w_n$), Fließ- ($w_f$) und Ausrollgrenze ($w_a$), Bildsamkeit ($w_{fa}$),

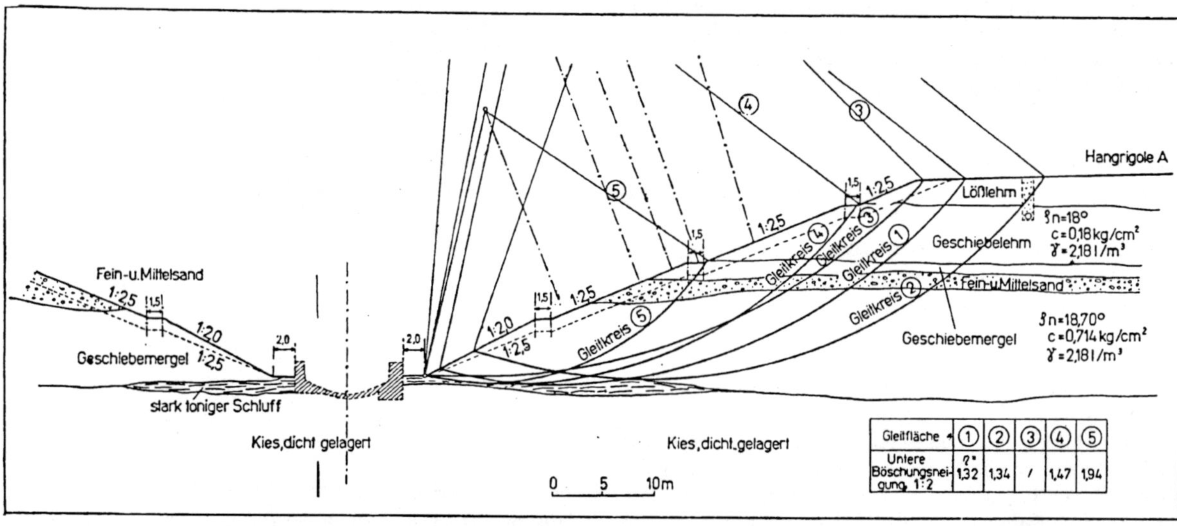


| Gleitfläche | ① | ② | ③ | ④ | ⑤ |
|---|---|---|---|---|---|
| Untere Böschungsneigung 1:2 | 1,32 | 1,34 | / | 1,47 | 1,94 |

Abb. 7. Einschnittsböschung mit eingezeichneten Gleitkreisen und bodenphysikalischen Werten

Abb. 8a. Ingenieurgeologische Sicherungsmaßnahmen

Die Abtragungsarbeiten sind bis wenige Meter über den Tunnelscheitel fortgeschritten. Der obere Teil der südlichen Böschung zeigt bereits das endgültige Bild mit den ersten ingenieurbiologischen Sicherungsmaßnahmen. Blick nach Osten.

Durchlässigkeit (k) und die Scherfestigkeit ($c + \rho$) ermittelt. An einem kleineren Teil der Proben wurden durch Sieb- und Schlämmanalyse die Kornverteilung und mittels Druckversuchen mit behinderter Seitenausdehnung die geologische Vorbelastung festgestellt.

Die Werte für die Druckdurchlässigkeit können infolge des Auftretens zahlreicher feiner und feinster Scherflächen, die in der starken Beanspruchung der eiszeitlichen Sedimente ihre Ursache haben, nur bedingt gültige Aussagen geben, da die in die Geräte eingebauten Proben nur eine Größe von wenigen cm³ haben, so daß die Wirkung der Klüftung und zum Teil der Feingliederung im wesentlichen unberücksichtigt bleibt.

Um diese Fehlerquelle bei der Ermittlung der Scherfestigkeit weitgehend auszumerzen und den Einfluß von feinsten Gleitharnischen und Sandschmitzen zu erfassen, wurden diese Untersuchungen nicht im Kreisring- oder Kastenschergerät durchgeführt, bei denen neben der geringen Probeabmessung zusätzlich noch eine Aufbereitung des Probematerials notwendig ist, sondern im Seitendruck- bzw. Triaxialgerät, das die Verwendung ungestörter Proben gestattet. Die hierbei ermittelte geringere Scherfestigkeit (im Gegensatz dazu die Werte bei Verwendung aufbereiteter Proben) entsprach weitgehend den ungünstigen Verhältnissen, vor allem beim Geschiebemergel.

Interessant sind ebenfalls die Ergebnisse der Druckversuche mit behinderter Seitenausdehnung. Am Geschiebemergel wurde eine geologische Vorbelastung von durchschnittlich $\sigma_v = 10$ kg/cm² ermittelt. Würde man die statische Auflast der während der Vereisung vorhandenen Eiskalotte allein für die geologische Vorbelastung — ohne Berücksichtigung aller dynamischen Einflüsse — verantwortlich machen, so müßte die Eismachtigkeit im Gebiet von Altenburg ca. 100 m betragen haben.

Nach Auswertung aller Untersuchungsergebnisse und Ermittlung der bodenphysikalisch-mechanischen Kennwerte erfolgten unter Verwendung der geologischen Profile sorgfältige Gleitsicherheitsuntersuchungen (STRIEGLER 1958). Dabei wurden ca. 20 mögliche Gleitflächenlagen (Abb. 7) eingehend im Geotechnischen Laboratorium durchgerechnet. Diese Untersuchungen bieten die Gewähr, daß die festgelegte Böschungsneigung von 1:2 zwischen Sohle und erster Berme und von 1:2,5 weiter bis zur Böschungsoberkante bei einem geforderten Sicherheitsgrad von $\eta = 1{,}3$ ausreichende Standsicherheit verbürgt.

Die weiteren geotechnischen Sicherheitsmaßnahmen, die ausschließlich der dauerhaften Beseitigung des Wasserzuflusses zum Einschnitt und der Verhinderung wassergesättigter Zonen in der Böschung — als des gefährlichen stabilitätsmindernden und die Scherfestigkeit herabsetzenden Einflusses überhaupt — dienen, bestanden aus folgenden Einzelmaßnahmen:

a) Anlage eines Hanggrabens zur Verhinderung der Überflutung der Böschungsoberkante und von Erosionserscheinungen.

b) Oberflächenentwässerung mit Hilfe von auf den Bermen verlegten Betonhalbschalen einschließlich lotrechter Abflußrinnen.

c) Anlage zweier, ca. 3,5 m tiefer Längsdränagen mit filterförmigem Aufbau 10 m von der Böschungsoberkante entfernt, um das im Grenzbereich Lößlehm/Geschiebelehm zusitzende Wasser abzufangen und aus dem Bereich der Böschung abzuführen.

d) Anlage von Querrigolen, die an Wasseraustrittsstellen mehrere Meter tief in die Böschung eingreifen und in die Quergerinne auf den Bermen entwässern. Sie gewährleisten neben einer dauerhaften Entwässerung zusätzlich eine gute Abstützung der Böschung.

e) Anpflanzungen zur ingenieurbiologischen Sicherung. Diese erstrecken sich auf Absetzen von Rasensoden, die zum

Abb. 8b. Ingenieurgeologische Sicherungsmaßnahmen

Die volle Einschnittstiefe ist auf etwa die Hälfte der Länge erreicht. Das Tunnelgewölbe wird abgetragen. Links Berme mit Betonhalbschalen zur Oberflächenentwässerung. Die Anlage von Anpflanzungen zur ingenieurbiologischen Sicherung ist gut zu erkennen.

Teil mit Weidenruten auf den Untergrund genagelt werden, und Anpflanzung von etwa 120000 Stecklingen, die wasserentziehende bzw. tiefwurzelnde Eigenschaften aufweisen und damit eine zusätzliche Sicherung darstellen.

Es steht zu erwarten, daß die sehr sorgfältigen ingenieurgeologisch-bodenphysikalischen Voruntersuchungen und geotechnischen Maßnahmen die Gewähr für die dauerhafte Sicherung dieses nunmehr größten Lockergesteinseinschnittes im Bereich der Eisenbahnlinie Leipzig—Hof bieten werden (Abb. 8 a + 8 b).

**Zusammenfassung**

Nach kurzer Darstellung der Geschichte des Altenburger Eisenbahntunnels und der Gründe für seinen Abbau in den Jahren 1956 bis 1958 wird ein allgemeiner Überblick über die geologischen Verhältnisse des Gebietes um Altenburg gegeben.

Es folgen Bemerkungen über Anzahl, Tiefe und Ansatzpunkte der durchgeführten Bohrungen sowie über die Entnahme der gestörten und ungestörten Bodenproben. Das in den Aufschlußarbeiten gewonnene Bild über die anstehenden Sedimente, ihre Lagerungsform und die hydrologischen Verhältnisse wird beschrieben. Von besonderem Interesse sind dabei die fein-mosaikartige Gliederung des Geschiebemergels als Folge einer die Bruchgrenze überschrittenen Beanspruchung, das Auftreten von als Bänderton anzusprechenden Ablagerungen und die außerordentlich unregelmäßige Wasserführung im gesamten Einschnittsgelände bis in Tiefen über 20 m.

Abschließend werden die durchgeführten bodenphysikalischen Laboruntersuchungen und geotechnischen Sicherungsmaßnahmen kurz erwähnt und die Gründe für die Untersuchung von ungestörten Proben in Triaxialgeräten zur Ermittlung von Kohäsion und Reibung (=Scherfestigkeit) dargelegt.

**Резюме**

Автор даёт короткое описание истории железнодорожного тоннеля у г. Альтенбург и указывает причины, послужившие основанием для его сноса в 1956—58 г. г. В работе приводится кроме того общий обзор геологических условий в районе г. Альтенбург. Далее следуют данные о количестве, глубине и местах проведенных бурений, а также о взятии нарушенных и ненарушенных проб грунта. Описываются материалы, собранные при исследовании отложений и форм их залегания, а также гидрологические условия р-на. Особый интерес представляют ленточные залежи глины, структура валунного мергеля в виде тонкой мозаики, возникшая вследствие нагрузки, превышающей границу разлома, а также чрезвычайно неравномерная водоносность всего района разреза до глубины свыше 20 м.

В заключение описываются лабораторные исследования физических свойств грунта, а также геотехнические меры безопасности. Автор приводит кроме того основания для исследования ненарушенных проб грунта в трёхосевых приборах с пелью определения сцепления и трения (— сопротивления срезу).

**Summary**

After a short description of the history of the Altenburg railway tunnel and of the reasons for its demolition between 1956 and 1958, a general survey is given of the geological conditions in the Altenburg region.

It is followed by an explanation of the number, depth, and openings of bores carried out, as well as of disturbed and undisturbed soil samples. The impression won by exploration works with regard to underlying sediments, their bedding and hydrological conditions is described. Item of special interest are: the fine mosaic-like division of the boulder clay as a result of a strain exceeding the stress limit, the appearance of sediments considered to be varved clay, and the extremely irregular water content in the entire cutting area up to depths exceeding 20 m (65.62 ft.).

The paper concludes with a short description of the soil physics laboratory tests and geotechnical security measures, and indicates the reasons of testing undisturbed samples in triaxial compression cells for the determination of cohesion and friction (= shear strength).

## Literatur

FRITZSCHE, H.: Die Freilegung des Altenburger Tunnels. — Signal und Schiene, 2 H. 6 u. 7 (1958).

GEBHARDT, R. S. & K. GERLOFF: Der Abbruch des Altenburger Eisenbahntunnels. — Deutsche Eisenbahntechnik, 6, H. 9 (1958).

GRAHMANN, R.: Grundriß der Quartärgeologie Sachsens. — Leipzig 1934.

KEIL, K.: Geotechnische Hauptgutachten zum Tunnelabtrag. — Unveröff. Ber. im Geotechn. Inst. Hochsch. f. Verkehrsw., Dresden 1956/57.

STRIEGLER, W.: Die Freilegung des Tunnels Altenburg als geotechnisches Problem. — Deutsche Eisenbahntechnik, 6, H. 9 (1958).

— Geotechnische Untersuchung zur Freilegung des Tunnels Altenburg. — Wiss. Z. Hochsch. f. Verkehrswes., H. 1, 1958/59.

# Mechanisierung der Probenahme bei untertägigen geologischen Erkundungsarbeiten

ERICH LEWIEN, Berlin

Die Entnahme von Proben, die bei der Erkundung durch bergmännische Auffahrungen vorzugsweise als Schlitzprobenahme ausgeführt wird, ist mit einem hohen Aufwand an schwerer körperlicher Arbeit verbunden, außerdem teuer und zeitraubend. Die Herstellung eines Schlitzes in den üblichen Abmessungen von 5—10 cm Breite und 1 oder 2 cm Tiefe erfordert bei gangförmigen Buntmetallagerstätten, bei Greisentrümern u. ä. oftmals die Arbeit eines Probenehmers während einer Schicht. Damit die Probenahme mit den Streckenauffahrungen Schritt halten kann, sind unter Umständen über 10% der gesamten bergmännischen Belegschaft mit der Probenahme beschäftigt.

Die Bestrebungen zur Mechanisierung dieser Arbeit mit dem Ziel der Verringerung der schweren körperlichen Arbeit und der Steigerung der Arbeitsproduktivität haben deshalb große Bedeutung.

## Die Verwendung von Preßlufthämmern

Preßlufthämmer gewöhnlicher Bauart — sogenannte Abbauhämmer — sind für diese Aufgabe ungeeignet, weil

1. infolge der hohen Schlagkraft die Gefahr besteht, daß die von der Meißelspitze gelösten Gesteins- oder Erzpartikel „verspritzt" werden;

2. durch den aus dem Auspuff entströmenden Luftstrahl eine „Windsichtung" des herabfallenden Probengutes erfolgen kann (diese beiden Erscheinungen können zu einer Verfälschung der Ergebnisse führen);

3. die Handhabung des Hammers in oft sehr unbequemer Stellung durch das Gewicht von rd. 9 kg beschwerlicher als bei dem sonst üblichen Gebrauch des Hammers bei der Hereingewinnung usw. ist.

TSCHUMAKOW & WASSILJEW (1959) berichten über den Einsatz von Abbauhämmern zur Mechanisierung der Herstellung von Schlitzproben. Dieser wurde möglich, weil durch besondere Werkzeuge zum Glätten des Stoßes und zum Ausstemmen des Schlitzes und durch eine besondere Führung des Hammers durch ein Schraubspreizengestell die obengenannten Schwierigkeiten überwunden werden konnten.

Für das Glätten des Stoßes, das der Herstellung eines Probeschlitzes stets vorangeht, dient ein Bossierkopf, der auf das mit einem schlanken Konus versehene

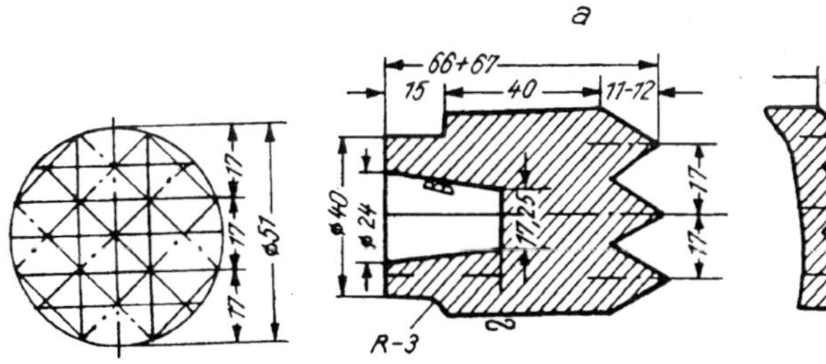

Abb. 1. Bossierkopf zum Glätten des Stoßes

„Spitzeisen" des Preßlufthammers aufgesetzt wird (Abb. 1).

Zur Herstellung des Schlitzes dient ein anderes Aufsteckwerkzeug, das nach Art der Doppelmeißel mit zwei Hartmetallschneiden besetzt ist (Abb. 2).

Das auch beim Schlitzen von Hand verwendete Gestell zum Spannen der Probenplane besteht aus Spindelspreizen (Abb. 3) und ist so ausgebildet, daß es zugleich zur Auflage und Führung des Preßlufthammers bzw. des Meißels dient. Dadurch wird die Arbeit des Probenehmers wesentlich erleichtert.

Für die Entnahme von Schlitzproben mit Abbauhammer und auswechselbarer Probeentnahmekrone ist zunächst die Entnahmestelle mit dem Bossiermeißel zu glätten und mit einer Stahlbürste zu säubern. Nach Befestigung des Führungsgestells werden die Lücken zwischen Stoß und Führungsschiene mit Filzstreifen abgedichtet, damit das Probenmaterial nicht zwischen Stoß und Gestell durchfällt. Wenn die Stöße sehr ungleichmäßig sind, so daß das Glätten und Abdichten viel Zeit erfordern würde, dann ist es zweckmäßiger, die Probenplane auf der Sohle auszubreiten. In solchen Fällen ist der Stoß vom Schlitz bis zur Sohle nach dem Schlitzen mit der Stahlbürste zu säubern, um das auf ihm abgelagerte Probengut sammeln zu können.

Mit dem Doppelmeißel werden in einem Arbeitsgang zwei die Schlitzbreite markierende Kerben bis zur geforderten Schlitztiefe herausgearbeitet. Bei rissigem und klüftigem Gestein hält der Führungsrahmen die der Schlitzstelle anliegenden Gesteinsstücke fest, so daß sie nicht in die Probe gelangen können.

Es hat sich als zweckmäßig erwiesen, die Arbeiten durch zwei Probenehmer durchführen zu lassen, die einander beim Aufstellen des Führungsrahmens und der Spannsäulen helfen.

Bei dieser Arbeitsweise kann man mit einem Satz der Vorrichtung auskommen, wenn die Rahmenschablone nur zur Ausführung der zeitraubenden und besonders anstrengenden Markierung der Grenzen durch Herstellen der Kerben benutzt und das Herausmeißeln der Rippe zwischen den Kerben von Hand ausgeführt wird.

Umfangreiche Versuche auf Objekten der Buntmetallerkundung ergaben, daß sich diese Methode vorteilhaft zum Schlitzen harter bis härtester Gesteine anwenden läßt.

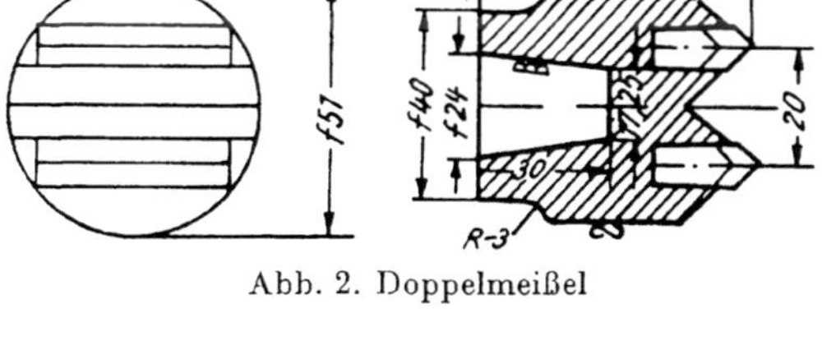

Abb. 2. Doppelmeißel

Die Schlitzleistung erhöht sich um das Vier- bis Sechsfache im Vergleich mit den Normen für das Schlitzen von Hand mit dem Meißel. Die Qualität der Schlitze (Geradlinigkeit und Maßhalten) ist besser als bei der Arbeit mit dem Meißel. Die Gefahr systematischer Fehler durch selektives Hereinbrechen von Gesteinsteilen aus der Schlitzgrenze ist vermindert.

Die Methode eignet sich besonders für Untersuchungsobjekte mit umfangreichen Schlitzarbeiten. Bei kleinen Objekten mit geringem Probenanfall (bis 50 lfd. Meter Schlitz je Monat) kann sie angebracht sein, wenn an die Qualität der Arbeiten besonders hohe Anforderungen gestellt werden müssen.

Beim Schlitzen weicher Gesteine steigt der Anteil der Vorbereitungsarbeiten gegenüber der reinen Schlitzarbeit unverhältnismäßig stark an, so daß der Zeitgewinn bei der Schlitzarbeit größtenteils aufgezehrt wird.

## Der Einsatz von Kleinhämmern

Eine andere Möglichkeit, die Entnahme von Schlitzproben durch die Anwendung von Preßluftwerkzeugen zu erleichtern, besteht in dem Einsatz von Kleinhämmern, der erstmalig im VEB Bleierzgruben „Albert Funk" erfolgte.

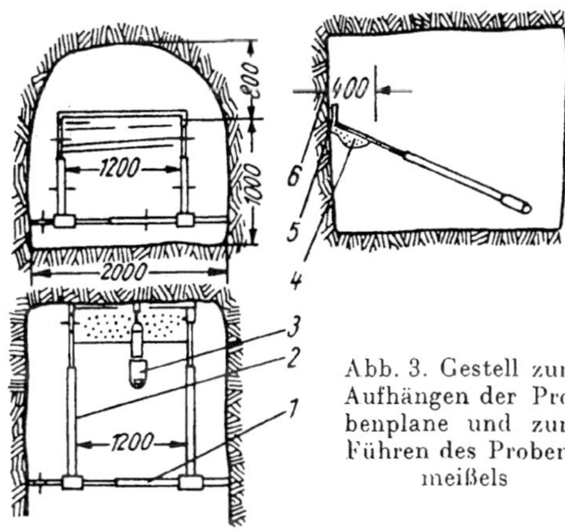

Abb. 3. Gestell zum Aufhängen der Probenplane und zum Führen des Probenmeißels

Am zweckmäßigsten hat sich der Preßluft-Niethammer der Type NLN 5 vom VEB Niles-Preßluftwerkzeuge erwiesen.

| | |
|---|---|
| Schlagzahl/Minute | 2200 |
| Luftverbrauch $m^3$/min | 0,2 |
| ganze Länge mm | 192 |
| Gewicht kg | 1,2 |

Die Schlagstärke kann durch eine am Griff angebrachte Regelschraube eingestellt werden. Um die ausströmende Preßluft so abzuleiten, daß keine Sichtung des herabfallenden Probegutes eintritt, wird eine Gummimanschette über den Lauf geschoben. Als besonders brauchbar erwies sich die Gummimanschette der Preßluft-Bohrstütze Type 9.089 des VEB Ernst-Thälmann-Werk, Suhl (Thüringen). Das Loch der Manschette ist dabei etwas zu erweitern.

Für den Anschluß an die Rohrleitung ist ein Schlauch mit 13 mm Innendurchmesser und 23 mm Außendurchmesser zu verwenden, da der Normal-Bohrhammerschlauch zu schwer und zu starr ist.

Als Spitzmeißel hat sich die Type zB 10×35×160 der Popella-Kommanditgesellschaft, Dresden, besetzt mit einer Hartmetallspitze, bewährt.

Nach Ausrüstung der Probenehmer im Objekt Brander Revier (Blei-Zink) mit Kleinhämmern wurde die Leistung gegenüber dem Handbetrieb um 30% gesteigert. Die Qualität der Proben entspricht der der von Hand hergestellten Schlitze.

## Bohrproben

Das Bohrlochuntersuchungsgerät des VEB Secura, von dem sich einige Muster zur Erprobung auf Objekten der Buntmetallerkundung (Blei-Zink, Zinn) befinden und über das bereits in dieser Zeitschrift berichtet wurde (LEWIEN 1956), schuf die Voraussetzung für eine weitere Möglichkeit zur Verbesserung und Mechanisierung der Probenahme. Mit diesem Gerät ist es möglich, die Wandung von Bohrlöchern bis herab zu 36 mm Durchmesser mit Hilfe einer Beleuchtungs- und Spiegelvorrichtung zu beobachten, eine evtl. vorhandene Erzführung zu erkennen und die Mächtigkeiten des Erzkörpers und dessen Lage zum Streckenstoß zu bestimmen.

Die Entnahme einer Probe aus dem interessierenden Abschnitt des untersuchten Bohrloches kann in einfacher Weise dadurch erfolgen, daß das Bohrloch durch einen Stufenbohrer erweitert wird und das Bohrmehl, das beim Durchbohren des zu untersuchenden Abschnitts anfällt, für sich aufgefangen wird.

Die hierzu durchgeführten Versuche ergaben, daß es einfacher ist, unmittelbar neben dem augenbemusterten Bohrloch mit einer normalen Bohrkrone ein zweites parallel verlaufendes Loch zu bohren. Die Aufgabe, das Bohrmehl verlustlos aufzufangen, wird durch ein vom Institut für Arbeitsschutz und Grubensicherheit der Bergakademie Freiberg und der Silikose-Forschungsstelle Eisleben entwickeltes Trockenstaubsauggerät (BRÖCKER & DIETRICH 1958) gelöst. Das Gerät stellt eine Art Staubsauger dar, der mit Hilfe eines durch einen Ejektor (Druckluft-Saugstrahlpumpe) erzeugten Luftstromes über ein Hohlgestänge das Bohrklein von der Bohrlochsohle absaugt und in einem Filtersack sammelt.

Wie Staubmessungen ergeben haben, erfolgt das Sammeln des Probengutes quantitativ, so daß eine hohe Qualität der Probe erreicht wird.

Für die Probenahme wird nicht das Originalmodell verwendet, das für die Aufnahme des Bohrkleins von 25 Bohrungen ausgelegt ist, sondern eine kleinere und handlichere Ausführung, die nach Angaben von Dipl.-Ing. RICHTER in der Grubenwerkstatt konstruiert und gebaut wurde (Abb. 4 und 5).

Die Arbeitsproduktivität bei der Probenahme liegt bei höherer Qualität (Vermeidung jeden Verlustes) um

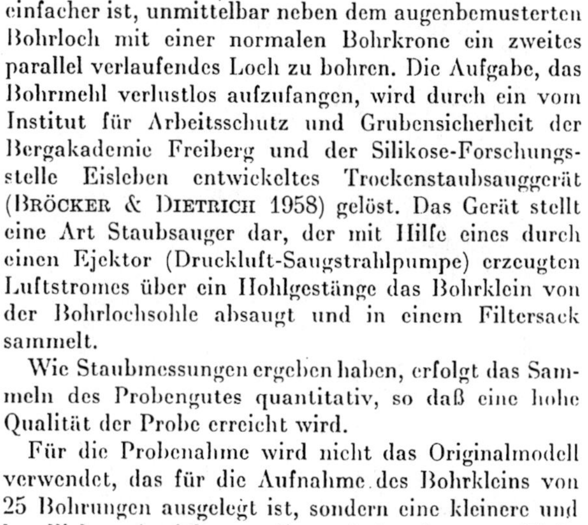

Abb. 4. Trockenabsauggerät (Prinzip)

Abb. 5. Trockenabsauggerät im Einsatz

das 10—20fache über der beim Schlitzen im Handbetrieb. Der Einsatz des Gerätes ermöglicht es, außerhalb der Auffahrung liegende Teile mächtiger Gänge zu bemustern, die sonst die Anlage von besonderen Stichquerschlägen erfordern würden. Diese sind aber teuer, aus technischen Gründen in den für die Probenahme durch Schlitze vorgeschriebenen Abständen nicht ausführbar und in Überhauen überhaupt unmöglich.

Der Einsatz des Trockenabsauggeräts ermöglicht somit auch bei Gangmächtigkeiten, die die Streckenbreite überschreiten, eine von Salband zu Salband reichende Bemusterung. Es ist ferner in massigen Lagerstätten vorteilhafter als die hier etwas problematische und kostspielige Bemusterung durch Quer- oder Längsschlitze.

**Zusammenfassung**

Es wird über geeignete Möglichkeiten berichtet, die mit schwerer körperlicher Arbeit und hohen Kosten verbundene Schlitzbemusterung bei der Erkundung mit bergmännischen Arbeiten zu mechanisieren. Zusatzgeräte für normale Abbauhämmer, der Einsatz von Kleinhämmern sowie die Geräte für die Bemusterung mit Hilfe von Preßlufthammerbohrungen werden beschrieben.

**Резюме**

Сообщается о подходящих возможностях механизации трудоемких и дорогих работ бороздового опробования при разведке путем горных работ. Описаны дополнительные приборы для нормальных отбойных молотков, употребление небольших молотков, а также приборов для опробования при бурении пневматическим молотком.

**Summary**

Suitable possibilities are reported to mechanize slot sampling during mining reconnaissance involving heavy manual labour and high expenditure. A description is given of additional equipment for normal coal picks, use of small picks, as well as of equipment for sampling by pneumatic hammer drillings.

## Literatur

BRÖCKER, H. E. & G. DIETRICH: Möglichkeiten der Bohrstaubbekämpfung unter besonderer Berücksichtigung des Trockenbohr-Absaugverfahrens im Erzbergbau. — Bergbautechnik, Jg. 8, S. 507—518 (1958).

LEWIEN, E.: Bohrlochuntersuchungsgerät für die geologische Erkundung. — Z. angew. Geol., Jg. 2, S. 269—270 (1956).

TSCHUMAKOW, J. D. & B. G. WASSILJEW: Mechanisierung der Entnahme von Schlitzproben mit Abbauhammer und abnehmbarer Probeentnahmekrone. — Gosgeoltechisdat, Moskau 1959.

# Dreiflügelmeißel mit Düseneinlagen aus Basalt[1)]

(Eine technische Information auf Grund tschechoslowakischer Unterlagen)

J. SZYMAKOWSKI

Im tschechoslowakischen Bohrwesen werden Dreiflügelmeißel mit Basalteinlagen (s. Abb.) mit Erfolg angewandt. Der Rumpf (1) ist aus einem Material angefertigt, das in der ČSSR für Schwerstangen, der Norm ČSSR-12061 entsprechend, benutzt wird. Es besitzt folgende Eigenschaften:

| | |
|---|---|
| Zugfestigkeit | $\sigma_3 = 78$ kp/mm² |
| Streckgrenze | $\sigma_5 = 40$ kp/mm² |
| Ausdehnungsfaktor | $\alpha = 10-13\%$ |
| Kohlenstoffgehalt | $C = 0{,}55-0{,}65\%$ |

Für die Herstellung der Meißel verwendet man abgenutzte Schwerstangen. Diese werden in Stücke zerteilt, entsprechend bearbeitet und mit eingeschweißten Stahlkorken (2) geschlossen. Auf der Außenfläche des Rumpfes werden drei kleine Nuten axial ausgefräst, die mit Flügeln (3) bestückt und einer harten Legierung eingeschweißt werden. Im unteren Rumpfteil befinden sich drei schräg eingesetzte Hülsen (4), die als Nester für die Düseneinlagen aus Basalt dienen. Die Flügel des Meißels sind aus einem Material angefertigt, das dem Material St 6 der PN entspricht.

Die Basaltdüseneinlagen (5) werden aus feingemahlenem Basalt mit Paraffinzusatz hergestellt. Die in eine Form gefüllte Basalt-Paraffin-Mischung wird unter 50—80 kp/mm² Druck gepreßt. Die gepreßten Einlagen werden im Ofen bei 1320° C 6—12 Stunden gebrannt, danach im Ofen innerhalb von 30 Stunden abgekühlt. Die so hergestellten Einlagen besitzen folgende Eigenschaften:

| | |
|---|---|
| Härte | Hv = 490 |
| Spezifisches Gewicht | $\gamma = 2{,}93$ g/cm³ |
| Porosität | $m = 7{,}90\%$ |

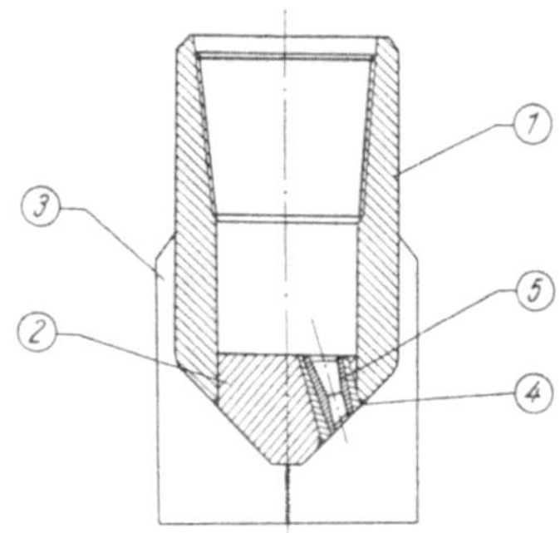

Längsschnitt durch einen Dreiflügelmeißel

Die Düseneinlagen werden in die Hülsen auf Spezialkitt eingesetzt.

Derartige Meißel stellt man mit nachstehend angeführten Durchmessern her: 216 mm, 243 mm, 346 mm; die Düsen zeigen folgende Durchmesser: 14, 16, 18 und 20 mm. Bei Anwendung der Düsenmeißel liegen die mechanischen Bohrgeschwindigkeiten um 72% höher als bei Verwendung der gewöhnlichen Dreiflügelmeißel. Die Herstellungskosten für Düseneinlagen aus Basalt betrugen nur den achtzigsten Teil der Kosten für die Herstellung ähnlicher Stahldüsen. Allerdings sind die Basaltdüseneinlagen durch den Sandgehalt der Spülung gegen Abrasivität nicht sehr widerstandsfähig.

[1)] Aus „Nafta", Jg. XIV, H. 11, S. 310—311, Katowice 1958. Übers.: HOFFMANN.

# Ein pneumatisches Auslesegerät für kleine Partikel

GÜNTER HOPPE, Halle (Saale)

Als Hilfsmittel für die Herstellung vollkommen reiner Konzentrate kleiner Partikel durch Auslesen unter der Präparierlupe oder dem Präpariermikroskop (Binokular) wird ein pneumatisches Gerät vorgeschlagen. Es besteht aus einem federhalterartigen, hohlen Grundkörper (siehe Abbildungen), der an seinem vorderen Ende eine Kanüle trägt. Die Kanüle ist durch einen glatten Schlauch mit dem angeschraubten Sammelgefäß aus Glas verbunden. Ferner hat der Grundkörper eine als Ventil zu betätigende Öffnung, die eine Einrichtung zur Veränderung der Stärke des Absaugestromes besitzt. Das Gerät wird mit einem Schlauch an eine Wasserstrahlpumpe angeschlossen. Bei Verschließen des Ventils mit dem Zeigefinger wird durch die Kanüle und das Sammelgefäß Luft hindurchgesaugt, wobei Partikel, die sich nahe der Kanülenöffnung befinden, durch den Luftstrom in das Sammelgefäß befördert werden.

Das Prinzip des Gerätes ist dem von MURTHY (1957) beschriebenen ähnlich. Dort ist als Grundkörper eine Spritzpistole (Kinderspielzeug) verwendet worden. Der zum Absaugen notwendige Unterdruck wird durch Zusammendrücken derselben und Loslassen hergestellt. Im Gegensatz dazu wird hier jedoch ein kontinuierlicher Vorgang ermöglicht.

Das auszulesende Gut muß in Körnerform vorliegen, wobei die maximale Korngröße nur etwa die Hälfte der lichten Weite der Kanüle betragen darf. Da diese auswechselbar ist, läßt sich das Gerät in den Grenzen der verfügbaren Kanülengrößen dem Material anpassen.

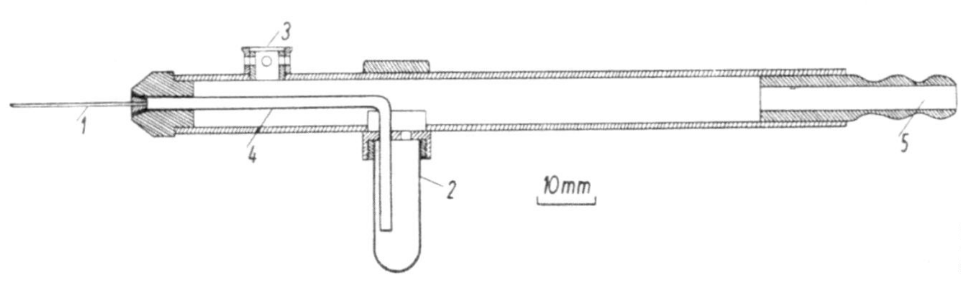

Abb. 1a, b. Pneumatisches Auslesegerät, hergestellt in der Werkstatt des Mineralogisch-Petrographischen Instituts der Universität Halle von W. DÖLZ

1 — Kanüle 2 — Sammelgefäß, 3 — Ventil, 4 — Schlauch, 5 — Anschluß zur Wasserstrahlpumpe

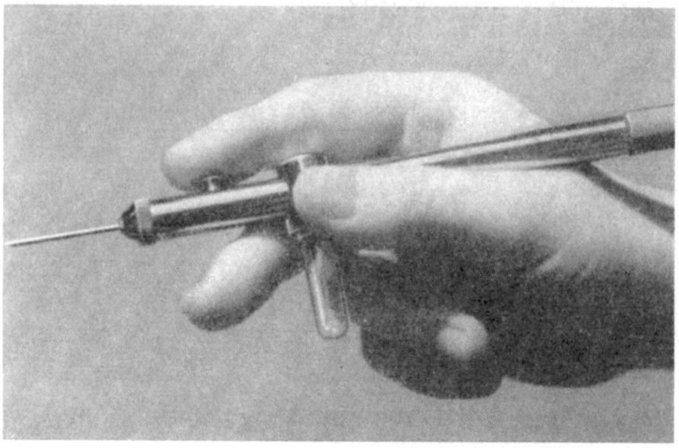

Abb. 1b

Es können medizinische Kanülen verwendet werden, deren Spitze mit etwa 45° angeschliffen und deren Ansatzkonus zur Herstellung der Schlauchverbindung entsprechend abgearbeitet ist. Die lichten Weiten der Injektionskanülen (VEB Injekta, Klingenthal/Sa.) liegen zwischen 0,2 mm (Nr. 20) und 0,5 mm (Nr. 1), die der Serumkanülen reichen bis 0,8 mm (Nr. S1). Kanülen für Sonderzwecke haben noch größere Innendurchmesser.

Je nach dem Mengenverhältnis wird entweder die interessierende Körnerart oder die Verunreinigung mit diesem Gerät ausgelesen. Nahe beieinander liegende Körner müssen durch Verschieben mit einer Präpariernadel voneinander entfernt werden. Für diesen Zweck sind entsprechende zahnärztliche Instrumente besonders geeignet. Es ist bei größeren Körnern auch möglich, zwei pneumatische Auslesegeräte mit beiden Händen gleichzeitig zu verwenden. Bei dem eigentlichen Auslesevorgang verlagert sich das Gerät im Gesichtsfeld des optischen Gerätes nicht, weil zur Handhabung keinerlei Druck aufgewendet werden muß. Das ist ein Vorteil gegenüber dem Gerät von MURTHY, da bei dessen Betätigung unwillkürlich Lageveränderungen der Kanüle eintreten müssen. Ein weiterer Vorteil liegt darin, daß der durch die Kanüle gehende Luftstrom in seiner Stärke genau eingestellt werden kann. Besonders bei größeren Kanülen muß er gedrosselt werden, damit Verstopfungen durch gleichzeitiges Ansaugen mehrerer Körner vermieden werden. Zur Säuberung wird die Kanüle entfernt, so daß ein kräftiger Luftstrom durch den Schlauch geschickt werden kann.

Der Einsatz dieses Gerätes lohnt sich vor allem dort, wo rationellere Verfahren der Anreicherung nicht zum Ziele führen oder wo solche Verfahren, wie bei Mineralien Trennungen nach der Korngröße, Dichte, magnetischem Verhalten u. a., keine hinreichend sauberen Konzentrate geliefert haben. Auch für das Auslesen von Mikrofossilien dürfte es brauchbar sein.

### Literatur

MURTHY, M. V. N.: An apparatus for hand-picking mineral grains. – Amer. Miner., 42, 694–696 (1957).

# Wanderungen und Wandlungen eines Begriffes, und vom Wert und Unwert der Terminologie

RUDOLF MEINHOLD, Freiberg (Sa.)

C. TEICHERT hat kürzlich eine interessante Arbeit über den Faziesbegriff veröffentlicht, die darüber hinaus schlagartig die Situation in vielen Wissenschaften beleuchtet. Die Terminologie droht eine eigene Wissenschaft zu werden und die zu erschlagen, denen sie dienen soll. Darauf hat auch schon WATZNAUER (1956) in dieser Zeitschrift hingewiesen.

C. TEICHERT entwickelt aus seiner großen Kenntnis der Literatur die Geschichte des Begriffes „Fazies" ab ovo. 1838 hat ihn GRESSLEY in der modernen Form definiert als einen lithologischen Aspekt einer stratigraphischen Einheit, verbunden mit einer gleichen paläontologischen Gemeinschaft. In dieser Form wurde er dann von allen europäischen Geologen verwendet. MOJSISOVICS VON MOJSVÁR definierte ihn 1879 als: die allgemeinen gegenseitigen Beziehungen zwischen Umweltbedingungen und dem Sediment als Wohnplatz von Organismen. Gesteine, im gleichen Medium gebildet, nannte er isomesic, solche in verschiedenen Medien heteromesic, Gesteine einer gleichen Ablagerungsprovinz isotopic (Gegensatz heterotopic). Gesteine gleicher Fazies sind ohne Rücksicht auf das Alter isopic (Gegensatz heteropic), Gesteine gleichen Alters sind isochron. Damit, sollte man meinen, sind alle möglichen Fälle ausdrückbar. WALTHER setzte dazu noch den Faziesbezirk, es ist dies ein System von heteropic-Ablagerungen, die genetisch miteinander verknüpft sind.

Nun setzen aber bereits Mutationen ein. Nachdem bereits REYER den Begriff verwässert hatte, stellte ihn HAUG (1907) noch einmal klar, indem er ihn als die Summe der lithologischen und paläontologischen Eigenschaften definierte, welche eine Ablagerung an einem bestimmten Punkt repräsentieren, brachte aber dazu eine umweltbedingte, genetische Klassifikation (vulkanische, äolische, marine, glaziale usw. Fazies). Schließlich verwechselte man Fazies mit Paläogeographie und bezeichnete das, was man aus der Fazies ermitteln kann, mit diesem Begriff. So definiert dann MORET 1955: Fazies ist die Summe der lokalen und biologischen Bedingungen, welche die Lithologie bestimmen sowie seinen organischen Inhalt. Die Drehung um 180° ist vollendet.

Von diesem Standpunkt aus gesehen, war es dann ganz folgerichtig, wenn die Alpengeologen eine helvetische, penninische oder sonstige Fazies erfanden, die Tektoniker geosynklinale, orogene oder Vorlandfazies, die Mikroskopiker die Mikrofazies, die Petrographen die metamorphe Fazies usw.

Im Jahre 1930 etwa wandert der Begriff über den Ozean nach Amerika. Er fällt hier auf fruchtbaren Boden und fängt an, stark zu wuchern. Eine große Zahl abgeleiteter Begriffe entsteht, bis sich niemand mehr herausfindet und einer den Begriff „Lithofazies" prägt, der dann glücklich wieder der ursprünglichen Definition von GRESSLEY entspricht. Andere Autoren verzweifeln darob und möchten den Begriff fallen lassen, da er zu nichts mehr tauge.

Aber die Odyssee des Begriffes ist noch nicht vorüber. Er wandert in die Biologie, wo er als Faunen- oder Florengemeinschaft, die auf einem bestimmten Boden wächst, Wurzel schlägt. Als Biofazies kennzeichnet er den fossilen Inhalt eines Gesteins, ist aber gleichzeitig eine Kennzeichnung der Ökologie.

In die Literatur der Sowjetunion geht er 1934 als paläogeographische Kennzeichnung ein. Der Boden scheint hier gleich fruchtbar gewesen zu sein wie in den USA, denn der Begriff treibt immer neue Wucherungen, bis ihn schließlich NALIWKIN auf seinen ursprünglichen Gehalt zurückschneidet.

Unterdessen ist er aber auf seiner Wanderung zu den Geochemikern gekommen, die ihn freudig aufgriffen und eine Sulfid-, Siderit-, Glaukonit-, usw.-Fazies aufstellten.

Wie viele ursprünglich einfache Begriffe sind nicht auf diese Weise verwuchert! Man denke nur an die Geosynklinalen! Manchmal kam es dann so weit, daß man, um den ursprünglichen Begriff wiederherzustellen, ein völlig neues Wort schuf.

Wenn wir auf diesem Wege weiterschreiten, wird die Terminologie bald jeden Fortschritt hemmen. Fast niemand kann mehr die Unzahl der täglich neugebildeten Begriffe übersehen, und wer das in mehreren Sprachen tun muß, steht bald vor einer hoffnungslosen Aufgabe. Vielfach ist der Antrieb hierzu die pure Eitelkeit. Wer einen neuen Begriff bildet, hat Aussicht auf einen bescheidenen Ruhm, denn zumindest die nächstfolgenden Autoren müssen hinter dem neuen Begriff in Klammern setzen (nach Sowieso) oder (im Sinne von Sowieso). Oftmals ist es auch der Stolz einer „Schule", ein möglichst unverständliches Kauderwelsch zu schreiben und zu sprechen. Die Möglichkeiten sind noch lange nicht erschöpft. Vielleicht könnte jemand kommen, der einen rötlichen, grobkörnigen Sandstein Psamrosit nennt, einen feinkörnigen dieser Art etwa Psamrosill. Wem ist aber damit gedient? Solche Begriffe sind zwar brauchbar, sie erfordern aber zusätzliche geistige Arbeit, um sie sich einzuprägen.

Soll man nicht lieber bei wenigen Begriffen bleiben, sie aber biegsam machen durch allgemeinverständliche Eigenschaftswörter oder sogar durch Nebensätze? Das braucht etwas mehr Papier und ein klein wenig mehr Zeit in der Rede, spart aber enorme geistige Kräfte und verhindert vor allen Dingen, daß sich die einzelnen Disziplinen völlig auseinanderleben, zum Schaden aller. Präzisieren denn viele der Termini den wissenschaftlichen Begriff? Wie viele sind Streitobjekte der Spezialisten, die immer neue Zeit und Kraft verbrauchen, um den Begriffsinhalt klarzustellen. Die geologischen Gremien sollten ein „Jagdkommando" bilden, das alle unnötigen Namen abschießt. Auch aus den USA sind Kommissionen bekannt, die nomenklatorisch Ordnung schaffen wollen. Je früher wir mit dieser Arbeit anfangen, um so nützlicher wird sie sein.

## Literatur

TEICHERT, C.: Concepts of facies. — Bull. AAPG., Vol. 42, Nr. 11, S. 2718–2744 (1958).

WATZNAUER, A.: Kritische Bemerkungen zur wissenschaftlichen Begriffsbildung. — Z. angew. Geol., 2, S. 64 (1956).

# Ein sowjetisches Handbuch zum Studium der Quartärablagerungen[1]

Referiert von JOHANNES F. GELLERT, Potsdam

Die geologische Eigenart der quartären Ablagerungen eines Festlandreliefs erfordert wie in Mitteleuropa auch in Osteuropa und Nordasien besondere Methoden ihrer Erforschung und Kartierung. Diese Untersuchungsmethoden sind im Rahmen der Arbeiten und Veröffentlichungen des Allunions-Forschungsinstitutes für Geologie und Bodenschätze (WSEGEI) in Leningrad von S. A. JAKOWLEW unter Mitwirkung weiterer 14 Quartärforscher zu einem methodischen Handbuch zum Studium der quartären Ablagerungen zusammengestellt worden.

Nach einer kurzen Skizzierung der Vorbereitungen zur Geländeuntersuchung (Literatur, Arbeitsplan, Karten, Instrumente, Ausrüstung etc., S. 3–12) behandelt S. A. JAKOWLEW die allgemeine geologische Betrachtung eines Quartäraufschlusses, die Probenentnahme, besonders von Lockermaterial, einschließlich der Gewinnung von Bodenmonolithen und die Verarbeitung der Ergebnisse in Profilen und Blockdiagrammen (S. 13–36). Als Besonderheit seien hier ein Schemaplan und ein Übersichtsprofil der regionalfaziellen Anordnung der quartären Bildungen am Gebirgsfluß und in einer Gebirgstalung in Mittelasien hervorgehoben. Sie weisen mit Nachdruck auf die Notwendigkeit einer aktual-geologischen Erfassung der kontinentalen Quartärablagerungen und damit überhaupt des Quartärs in einem dem Geographen eigenen komplexen Sinne (GERASSIMOW) hin. Das kommt auch in einer sehr detaillierten Gliederung der Quartärablagerungen auf Karten und Profilen zum Ausdruck (s. u.). Die Methode des Blockdiagramms ist an einem außerordentlich anschaulichen Beispiel aus der Salpausselka-Endmoräne in SE-Finnland und Karelien demonstriert. Im nächsten Abschnitt behandelt S. W. EPSCHTEIN die Bedeutung und Auswertung geomorphologischer Beobachtungen, insbesondere von Flußterrassen (S. 37–55), und W. W. SCHARKOW erläutert die Verwendung von Luftaufnahmen bei der Untersuchung quartärer Ablagerungsgebiete (S. 56–78). Im Gegensatz hierzu dient die von A. S. SEMENOW beschriebene elektrische Sonde der Erforschung des nicht sichtbaren Bodenprofiles (S. 79–87).

Das folgende Kapitel ist den paläontologischen Methoden gewidmet, die in der Sowjetunion mit ihren weiten, im Pleistozän nicht vergletscherten und teilweise von Meer oder Seen überfluteten Gebieten eine größere Bedeutung besitzen als in Norddeutschland. Nur kurz berichtet W. I. GROMOW über das Sammeln quartärer Säugetierreste (S. 88 bis 97). Ausführlicher behandelt M. M. SCHUKOW das Sammeln und Studium von Mollusken, die für die Gliederung der in der Sowjetunion weitverbreiteten (Karte der Quartärablagerungen ..., Moskau 1950) marinen und limnischen Quartärablagerungen eine große Bedeutung haben (S. 98 bis 109). Ausführliche Literaturangaben und 11 Tafeln mit den wichtigsten Leitformen aus dem Bereich des Schwarzen Meeres, des Kaspisees und des Eismeeres unterstreichen das. In ähnlicher Weise skizziert I. M. POKROWSKAJA die Untersuchung von Pflanzenresten, einschließlich von Pollen und deren stratigraphische Auswertung (S. 110–122 mit 3 Tafeln Pollenabbildungen). S. A. JAKOWLEW beschreibt die Diatomeen und Foraminiferen (S. 123–126). Über archäologische Probleme informiert W. I. GROMOW (S. 127–133 mit 8 Tafeln).

Weitaus ausführlicher, weil allgemeiner angewendet, werden die lithologisch-mineralogischen Methoden behandelt. An erster Stelle stehen die Körnungsanalysen, einschließlich ihrer Auswertung in Diagrammen und Kartogrammen (S. W. JAKOWLEWA, S. 134–153), und die Untersuchungen auf Schwermineralien (dsgl., S. 155–165) sowie deren Benutzung zur Unterscheidung verschiedener Moränen (J. L. RUDOWITSCH, S. 167–172). W. A. PERKONS beschreibt nach einer Methode von DREIMANIS, Riga, die Unterscheidung verschiedener Moränenablagerungen an Hand des gesamten Mineralgehaltes (S. 173–175). In mehreren Abschnitten befaßt sich S. W. JAKOWLEWA mit den Geschieben (S. 176 bis 196), den Geröllen (S. 197–210), den Sanden (S. 211–242) und den Tonen (S. 243–252). In ähnlicher Weise widmet L. F. LUNGERSHAUSEN die folgenden Seiten dem Löß (S. 253–274 mit ausführlichem Literaturverzeichnis). Über die Grundwasserbeobachtungen in quartären Ablagerungen schreibt wiederum S. A. JAKOWLEW (S. 275–297).

Ein größeres Kapitel (S. 298–345) von S. G. BOTSCH ist der Vielzahl von Meso- und Mikroformen gewidmet, die durch den Bodenfrost entstehen und von uns unter dem Begriff Periglazialformen zusammengefaßt werden. Ihre Systematik nach genetischen und formalen Gesichtspunkten ist auf einer größeren Tabelle wiedergegeben. Sie fußt auf aktuellen Beobachtungen, die geeignet sein dürften, die Erforschung der fossilen Periglazialformen in den pleistozänen Frostbodengebieten zu bereichern. Abschließend sind Signaturen für eine Kartierung dieser Meso- und Mikroformen angegeben, die vielleicht auch für die kartographische Lokalisierung fossiler Formen bei uns richtungweisend sein können.

Mit alten marinen und limnischen Uferlinien und epirogenetischen Küstenterrassen, wie sie in den Transgressions- und Küstengebieten der Sowjetunion weit verbreitet sind, befaßt sich unter Anführung detaillierter Beispiele von der Fischerhalbinsel und aus Kola S. A. JAKOWLEW (S. 346–357).

Die Methoden der relativen und absoluten Geochronologie des Quartärs behandeln I. I. KRASNOW (S. 358–375) und S. A. JAKOWLEW (S. 377–383), wobei sich ersterer auf gemeinsam mit K. K. MARKOW durchgeführte Bänderton-forschungen im Leningrader Gebiet stützt.

[1] Methodische Anleitung für die Untersuchung und geologische Kartierung der Quartärablagerungen. Beschreibung der Methoden. Zusammengestellt von S. A. JAKOWLEW, WSEGEI. — Gos. Nautschn. Techn. Isd. Lit. Geol. i Ochr. Nedr,. Moskau 1955. 486 S., 130 Abb., XXII. Taf., 2 Kartenbeilagen

Mit der Aufsuchung nutzbarer Bodenschätze in den quartären Ablagerungen befassen sich S. W. JAKOWLEWA (S. 384–400) und (S. 416–421), D. W. WOZNESENSKIJ (S. 402–415) sowie I. I. APUCHTIN. Ein Schlußabsatz von S. A. JAKOWLEW ist schließlich der Kartierung des Quartärs gewidmet, die durch zwei Kartenbeilagen in den Maßstäben 1:100000 sowie 1:200000 bis 1:1000000 ergänzt werden. Für die Kartierung im einzelnen gelten die allgemeinen, vom Ministerium für Geologie und Lagerstättenschutz der UdSSR herausgegebenen Instruktionen (vergl. Literatur). Diese sind allerdings nach einer auf der Allunionskonferenz zum Studium des Quartärs 1957 in Moskau vertretenen Meinung der sowjetischen Quartärforscher hinsichtlich des Quartärs nicht ausreichend und bedürfen einer weitgehenden Spezialisierung. Hingewiesen sei hier lediglich auf das Darstellungsschema des Quartärs, das auf den sowjetischen geologischen und quartärgeologischen Karten zur Anwendung kommt.

Es unterscheidet nach Farbstufen und römischen Zahlen bzw. lateinischen Buchstaben: I bis III = Alt-, Mittel- und Neu-Quartär (Pleistozän), IV = gegenwärtige Abteilung des Quartärs (Holozän), Q = ungegliedertes Quartär, und nach Farben und hochgestellten lateinischen Buchstabengruppen: (gl) glaziale, (fgl) fluvioglaziale, (al) alluviale, d. h. fluviatile (Alluvium, alluvial sind in der sowjetischen Geologie keine Zeitbegriffe wie bisher in der deutschen geologischen Fachsprache, sondern genetische Begriffe im ursprünglichen Sinn), (l) limnische, (m) marine, (eol) äolische, (β) vulkanische, (pr) problematische, (ch) chemische, (el) eluviale, (d) deluviale, (c) kolluviale und (pl) proluviale Ablagerungen, außerdem (b) Ablagerungen von Schlammvulkanen. Hinzu treten lithologische Charakterisierungen der Ablagerungen in Form von Punktzeichen und Schraffuren sowie gelegentlich tief gestellten kleinen lateinischen Buchstaben. Außerdem werden für das Quartär charakteristische Oberflächenformen durch Signaturen und Linien wiedergegeben. Die so entstehenden Spezial-, Übersichts- und Generalkarten sind dementsprechend inhaltlich sehr umfassend, jedoch nicht immer leicht zu lesen.

In seiner Gesamtheit mag das hier nach seinem Inhalt referierte sowjetische Handbuch zum Studium der Quartärablagerungen den methodischen Stand der Quartärgeologie in der UdSSR um das Erscheinungsjahr 1955 widerspiegeln (s. J. F. GELLERT, 1957, 1958). Inzwischen fand die obengenannte Allunionskonferenz zum Studium der Quartärperiode 1957 in Moskau statt, die auch dem Ref. Einblick in die sowjetische Quartärforschung gab. Ferner haben sich in der deutschen Quartärforschung eine Reihe von Feinmethoden bewährt und eingebürgert, die zweifellos geeignet sind, auch für die Erforschung der pleistozänen Glazial- und Periglazialgebiete der Sowjetunion neue Erkenntnismöglichkeiten zu eröffnen. Wir denken hierbei an folgende Methoden: die Feststellung der Einregelung von Geröllen und Geschieben in den pleistozänen Ablagerungen nach K. RICHTER zur Unterscheidung von glazigenen, periglaziären und fluviatilen Ablagerungen; die morphoskopische (morphometrische) Schotteranalyse (nach CAILLEUX und TRICART), wobei auch die Ausscheidung von Brandungsablagerungen möglich ist; die Einmessung glazigener Strukturen der vom Eis in ihrer Lagerung beeinflußten pleistozänen und älteren Ablagerungen zur Erkennung der Richtung der Eisbewegungen; die Auszählung von Windkantern (nach ILLIES) zur Bestimmung von morphologisch und geologisch schwer erkennbaren Eisrandlagen; die Einmessung der Schüttungsrichtungen der glazifluviatilen Gewässer nach der Lagerung und Klassierung ihrer Sedimente; die spezielle morphographische Analyse eines glazialen Geländes an Hand detaillierter Höhenschichten- und Höhenspannenkarten (Karten der Reliefenergie) nach GRIPP zur Erkennung des Zusammenhanges glazigener Aufschüttungs- und Aufpressungsformen am Eisrand; die mikromagnetische Methode von LAUTERBACH. Der Ref. ist überzeugt, daß die Anwendung dieser Methoden dazu beitragen kann, manches offene Problem der Geologie und Morphologie der pleistozänen Glazialgebiete des russischen Flachlandes zu lösen. Durch gemeinsame Geländeforschungen deutscher und sowjetischer Quartärforscher in diesen Gebieten sollte es möglich sein, diese Methode in die sowjetische Quartärforschung einzuführen und gemeinsam weiterzuentwickeln. Umgekehrt sollte die Vielzahl der alten und neuen Methoden der Quartärforschung auch in Deutschland zu der Erwägung führen, ein deutsches methodisches Handbuch der Quartärforschung zu schaffen, das von allen Quartärforschern, seien es Geologen oder Geographen, sicher sehr begrüßt werden würde.

## Literatur

GELLERT, J. F.: Die Allunionskonferenz zum Studium der Quartärperiode in Moskau vom 16. bis 24. Mai 1957. – Peterm. Geogr. Mitt., S. 275–276, 1957.

– Berichte über die Allunionskonferenz zum Studium der Quartärperiode in Moskau vom 16. bis 24. Mai 1957. – Geologie, 7, S. 203–208 (1958).

Karte der Quartärablagerungen des europäischen Teiles der UdSSR und der angrenzenden Territorien. Maßstab 1:2500000. – Hrsg. vom Ministerium für Geologie der UdSSR unter der Red. von S. A. JAKOWLEW, WSEGEI, Gos. Isd. Geol. Lit., Moskau 1950.

Instruktionen für die Organisation und Durchführung geologischer Kartierungsarbeiten im Maßstab 1:200000, 1:100000 und 1:25000. – Hrsg. vom Ministerium für Geologie u. Lagerstättenschutz, Gosgeoltechisdat, Moskau 1955 und 1956.

# Die 7. Jahrestagung der Geologischen Gesellschaft in der Deutschen Demokratischen Republik

Vom 31. 5. bis 4. 6. 1960 in Berlin

HANS HAVEMANN, Berlin

Mit der Berliner Tagung der Geologischen Gesellschaft in der Deutschen Demokratischen Republik wurde die Reihe der unter einem regionalen Thema stehenden Tagungen abgeschlossen. Auch diese 7. Jahrestagung galt einem regional begrenzten geologischen Gebiet, dem Raum Brandenburg und Umgebung. Diese letzte Regionaltagung sollte zusammenfassend und abschließend sein, da die weiteren Jahrestagungen ohne regionale Bindung unter je einem Fachthema stehen werden. An der Veranstaltung nahmen viele Fachkollegen aus allen Teilen der Deutschen Demokratischen Republik wie auch aus Westdeutschland und dem Ausland teil, wobei die Anziehungskraft von Berlin mitsprach. Es wurden denn auch nicht weniger als 700 Teilnehmer, darunter rund 50 ausländische und viele westdeutsche Gäste, gezählt.

Der Raum Brandenburg wird heute nicht mehr als das zwar glazial-geologisch interessante, im übrigen aber geologisch einförmige Gebiet, als das man ihn früher ansah, betrachtet. In der Erforschung des tieferen Untergrundes sind große Fortschritte erzielt worden, und die Mehrzahl der Vorträge galt den Problemen der Erschließung der mineralischen Rohstoffe Brandenburgs. Der Leiter der Abteilung Berg- und Hüttenwesen der Staatlichen Plankommission, E. MARKOWITSCH, wies auf die große Bedeutung der geologischen Forschung und Praxis für die Lösung der Aufgaben des Siebenjahrplans hin. Er forderte eine stärkere Konzentration auf die Schwerpunktaufgaben und hob die große Bedeutung der Heranbildung eines qualifizierten wissenschaftlichen Nachwuchses mit den Worten hervor: „Wir haben keine Zeit zu verlieren und müssen deshalb den Mut haben, überall junge Geologen mit verantwortungsvollen Aufgaben zu betrauen."

Beachtliche Erfolge, so sagte der Hauptgeschäftsführer der Tagung, Prof. Dr. KAUTZSCH, bei der Eröffnung der mit der Tagung verbundenen Ausstellung, sind bereits in der sozialistischen Gemeinschaftsarbeit von Wissenschaftlern, Technikern, Arbeitern und Ingenieuren erzielt worden. Reiche Anregung bot in diesem Zusammenhang ein Vortrag des Mitgliedes des Ministeriums für Geologie und Lagerstättenschutz der UdSSR, WILJUNOW, der über die Erfahrungen der sowjetischen Geologen und über die Perspektiven des sowjetischen Siebenjahrplanes berichtete. Unter den sowjetischen Gästen befand sich ferner der bekannte Petrograph Akademiemitglied Prof. Dr. KORSHINSKIJ, Moskau, der über die Abhängigkeit der Metamorphose von der Tiefenlage sprach.

Das Programm mit insgesamt 70 Vorträgen gliederte sich erstmalig in Plenar- und Fachverbandsveranstaltungen. Den Auftakt für die ersteren gab ein Vortrag R. DABERs über die Geschichte der Geologie in Berlin. Fragen der Kartierung Brandenburgs (R. LAUTERBACH, Leipzig, über die geophysikalische Erkundung; H. KÖLBEL, Berlin, über die Kartierung des Präquartärs), der Stratigraphie des Tertiärs (W. KRUTZSCH, Berlin, D. LOTSCH, Berlin) und der geophysikalischen Anomalien in diesem Raum (G. SIEMENS, Leipzig) standen sodann im Vordergrund. Probleme des Quartärs (Verlauf der Endmoränen) wurden von F. SOLGER (West-Berlin) behandelt. Von großem Wert für den Vergleich mit unseren Glazialproblemen war ferner ein Vortrag, den Dr. SUN-TIEN-CHING vom Institut für Geomechanik in Hsiangshan, der zusammen mit Prof. Dr. HSI-TI-CHANG aus Peking gekommen war, über die entsprechenden Glazialprobleme Chinas hielt. Von den Gästen aus Westdeutschland sprachen W. ZIMMERMANN (Tübingen) über Phylogenie der Urlandpflanzen und F. K. DRESCHER-KADEN (Hamburg) über hydrothermale Vorgänge. Sehr bedauert wurde, daß die sowjetischen Kollegen A. W. CHABAKOW (Leningrad) und I. O. BROD (Moskau) nicht an der Tagung teilnehmen konnten.

Die zahlreichen Vorträge der Fachverbände Geologie, Paläontologie, Mineralogie, Geophysik sowie der Sektion Kali waren zumeist darauf gerichtet, auch in breiteren Kreisen der Tagungsteilnehmer Interesse zu finden. Hinderlich war dabei leider, daß sich einige Vortragszeiten überschneiden mußten. Allgemeines Interesse fanden besonders die Vorträge zur Geschichte der Geologie, so der von J. HESEMANN (Krefeld) über Geschiebeforschung im Rück- und Ausblick und der von K. v. BÜLOW (Rostock) über die Geschichte des Aktualismus.

Viele der Tagungsteilnehmer fanden sich auch zu den 14 Exkursionen ein, die von Berlin aus in alle Richtungen des Raumes Brandenburg führten und teils den Problemen bestimmter Strukturen, teils glaziologischen, teils lagerstättenkundlichen Fragen galten. Erfolgreich verlief auch die bei dieser Tagung nicht fehlende Flugexkursion, die bei günstiger Witterung einen trefflichen Überblick über die Glazialmorphologie im Raume der unteren Havel mit ihrem Seengebiet bot und sodann elbaufwärts bis Genthin und von dort über Brandenburg heimwärts führte. In 16 Flügen mit nur je 10 Fluggästen wurde diese Strecke mit Maschinen vom Typ AN 2 mit insgesamt 160 Teilnehmern beflogen. Bei nur 300 bis 500 m Höhe bot sich den Fluggästen außer der Morphologie auch das Gesamtbild der landwirtschaftlichen und industriellen Nutzung, der Besiedlung und des Verkehrsnetzes in großer Klarheit dar.

Dem in der Mitgliederversammlung im übrigen wiedergewählten Vorstand der Gesellschaft gehören nunmehr auch der Leiter der Staatlichen Geologischen Kommission, Dipl.-Wirtsch. MEISSNER, und Prof. Dr. HOHL (Halle) an. Die SERGE-VON-BUBNOFF-Medaille wurde dem verdienten Paläobotaniker Prof. Dr. W. ZIMMERMANN, Direktor des Instituts für angewandte Botanik in Tübingen, verliehen. Zu Ehrenmitgliedern wurden ernannt: Akademiemitglied Prof. Dr. N. S. SCHATZKIJ (Moskau), Prof. Dr. F. BLONDEL (Paris) und Prof. Dr. E. SZÀDECZKY-KARDOSS (Budapest).

Mit ihrer umfangreichen Thematik und dem reichen Inhalt der Vorträge war die Tagung geeignet, Gedankenaustausch, Diskussionen und Zusammenarbeit unter den Geologen in jeder Weise zu beleben. Die Fachverbände wurden zur Durchführung spezieller Symposien und Exkursionen angeregt. In der Mitgliederversammlung wurde eine an die westdeutschen Kollegen gerichtete Entschließung, die diese zur Bekämpfung der Atomkriegsgefahr aufruft, einstimmig angenommen. Erstmalig fand in Berlin im Anschluß an die Tagung auch eine Zusammenkunft der Präsidenten (bzw. deren Vertreter) der Geologischen Gesellschaften der befreundeten sozialistischen Länder statt, bei der Fragen des engeren Kontaktes der Gesellschaften beraten wurden und ferner beschlossen wurde, künftig möglichst alljährlich solche Konferenzen abzuhalten.

Mit der Tagung war auch die sehr instruktive Ausstellung „Zur Entwicklung der Geologie in der DDR" verbunden. Sie bot viel Neues und Interessantes aus der geologischen Praxis. Zahlreiche Instrumente, Fotos, Bohr- und Schürffunde, Karten und Übersichten, darunter besonders die vom Zentralen Geologischen Dienst ausgearbeiteten Karten über die Bodenbeschaffenheit in den Berliner Stadtbezirken, wurden gezeigt. Viel Interesse fanden die vom volkseigenen Optischen Werk Rathenow hergestellten Schleif- und Poliermaschinen, besonders eine in Zusammenarbeit mit dem Mineralogischen Institut Freiberg geschaffene neue Trennschleifmaschine sowie das ebenfalls in Rathenow hergestellte Punktzählgerät ELTINOR.

# Lesesteine

**Schulkinder entdecken Lagerstätten**

Nach vorliegenden Meldungen haben 1959 mehr als 3,5 Millionen Schüler und Pioniere (Mitglieder der sowjetischen Kinderorganisation) an der II. Allunions-Expedition zum Studium der natürlichen Reichtümer der Sowjetunion teilgenommen. Die Schüler Sibiriens und des Fernen Ostens hatten aufgerufen, sich an einem „geologischen Streifzug der Massen" zu beteiligen. Allein im Irkutsker Gebiet haben die jungen Forscher 200 Meldungen über Fundstellen nutzbarer Bodenschätze gemacht. In den Niederungen des Flusses Kamenka (beim Berg Srednij Myß) haben die kleinen Geologen z. B. Kyanit gefunden. Neben geologischen Entdeckungen wurden andere nützliche Taten vollbracht: Sie setzten z. B. im Nikolajewer Bezirk (Stalingrader Gebiet) täglich 15 Millionen Jungfische aus, stellten an der Ufa eine nutzbare — nach entsprechenden Entwässerungsarbeiten — 3000 ha große Sumpffläche fest, entdeckten Möglichkeiten für die Anlage neuer, billiger Wasserreservoire, usw.

Über alle diese Erfolge berichteten sie in Moskau, wo kürzlich eine Konferenz der besten Expeditionsgruppen durchgeführt wurde.

Wäre es nicht sinnvoll, wenn unsere Geologen ebenfalls die Zusammenarbeit mit den „Jungen Naturforschern" der Pionierorganisation „Ernst Thälmann" verstärken würden? Selbst wenn weniger oder gar keine neuen Lagerstätten gefunden würden, wäre die Verbreitung geologischer Gedanken unter den Schulkindern eine der notwendigen Voraussetzungen, daß in Zukunft „Geologen aus Leidenschaft" das Studium an den geologischen Fakultäten unserer Hochschulen aufnehmen. STAMMBERGER

**Amerikanische Beurteilung sowjetischer Wasserkraftwerke**

ALEX RADIN, Generaldirektor des Verbandes amerikanischer Kraftwerke, besuchte als Mitglied einer Abordnung des amerikanischen Senates im vergangenen Jahr die Sowjetunion.

Er berichtet u. a.: „Man kann es sich nicht leisten, das russische Programm der Entwicklung der Wasserkraft mit seinen denkbaren weltpolitischen Auswirkungen auf die leichte Schulter zu nehmen. Es zu unterschätzen, wäre ebenso gefährlich wie eine Unterschätzung der sowjetrussischen Fortschritte in der Raketentechnik. Das Wasserkraft-Programm könnte sogar, obwohl es weit weniger dramatische Akzente hat, sich als noch bedeutungsvoller herausstellen als das Raketen- und Weltraumforschungsprogramm. Denn die Elektrizität ist die Grundlage der industriellen Macht einer modernen Nation.

Unsere Delegation hat zehn große Staudammprojekte an sieben verschiedenen Flüssen besichtigt, von der Ukraine bis zum Baikalsee in Sibirien. Sie hat auch zahlreiche Besprechungen mit Vertretern des russischen Kraftwerksministeriums geführt und ein Thermalkraftwerk sowie verschiedene andere Kraftwerke besichtigt. Wir stellten fest, daß die Russen in der Entwicklung der Wasserkraft heute in der Welt die Führung errungen haben."

„Die Bedeutung des russischen Kraftwerksprogramms liegt in folgenden Faktoren: Wenn das Wachstum in den USA und in der Sowjetunion im gegenwärtigen Tempo weitergeht, würde die Sowjetunion die Stromerzeugungskapazität der USA in den 80er Jahren überholen. Zweitens behaupten die Russen, daß sie die amerikanische Industrieproduktion schon früher überholen können, weil sie einen größeren Teil der Stromerzeugung für industrielle Zwecke verwenden, nämlich gegenwärtig 79 Prozent im Vergleich zu 49 Prozent in den USA; dies haben sie durch Beschränkung des Stromverbrauchs in den Haushalten erreicht. Drittens werden die Wasserkraftprojekte als Grundlage der industriellen Erschließung ganz neuer Gebiete vor allem in Sibirien benutzt. So sahen wir am Ufer des Dnjepr die ganz neue Stadt Chruschtschow, mit einer Bevölkerung von 25000, die in den letzten Jahren entstanden ist, um die Bauarbeiter für den Krementschug-Staudamm aufzunehmen, die aber später in anderen Fabriken Beschäftigung finden sollen.

Schließlich bilden die Fortschritte bei der Erschließung der Wasserkraft für Moskau ein wichtiges Mittel, die anderen Länder des Ostblocks und auch manche neutralen Länder wirtschaftlich enger an Rußland zu binden. Schon heute liefert das „Elektrosila"-Werk in Leningrad, das Generatoren für Kraftwerke herstellt, in 23 verschiedene Länder, und russische Ingenieure helfen vielen unterentwickelten Ländern beim Aufbau von Wasserkraftwerken. Vor allem war das Ausmaß der Hilfe, das Sowjetrußland Rotchina bei seinem Stromerzeugungsprogramm gewährt, eine der sensationellsten Informationen, die wir auf unserer ganzen Reise erfuhren."

Tatsachen lassen sich nicht verschweigen, weder in den USA noch in Westdeutschland oder sonst irgendwo. Der „eiserne Vorhang", dessen angebliche Existenz westliche Interessenten immer noch ihren Bevölkerungen vorgaukeln wollen, ist und bleibt ein Phantasiegebilde, das sich längst in seine Moleküle aufgelöst hat. c.

**Fluorhaltiges Trinkwasser**

Im September 1957 nahm die Weltgesundheitsorganisation eine Entschließung an, in der die Fluoridierung des Trinkwassers als wirksames und unschädliches Mittel zur Bekämpfung der Zahnkaries befürwortet wurde. In den USA werden bereits etwa 35 Millionen Menschen mit fluoridiertem Trinkwasser versorgt. Seit Ende vorigen Jahres steht auch in Karl-Marx-Stadt als der ersten europäischen Großstadt eine hochmoderne Fluoridierungsanlage in Betrieb, durch die dem Trinkwasser eine wäßrige Lösung von Natrium-Siliconfluorid ($Na_2SiF_6$) zugesetzt wird. Jedem Wasserverbraucher der Stadt werden so durch das Trinkwasser täglich 1,5—2 mg zugeführt. 30000 Kinder wurden bereits vor Inbetriebnahme der Fluoridierungsanlage in Abständen von 2 Jahren zahnärztlich untersucht. In Abständen von 3—5 Jahren werden ihre Zähne erneut kontrolliert, um so die Auswirkung der Fluorbehandlung festzustellen.

Die Zahnkaries, die bei Naturvölkern nicht auftrat, hat sich in ganz Europa zu einer Volksseuche, von der teilweise fast 99% der Bevölkerung ergriffen werden, ausgeweitet. Die Hypothese, nach der die Karies mit dem Genuß weitgehend aufbereiteter Kost entsteht und durch die Wirkung von Mundbakterien auf die Kohlenhydrate unserer Nahrung (Mehl, Stärke und vor allem Zucker) eingeleitet wird, hat daher allgemein Anerkennung gefunden. Als Folgeerscheinungen der Karies treten auch Herz- und Magenkrankheiten sowie rheumatische Beschwerden auf.

Das in Karl-Marx-Stadt durchgeführte Experiment und seine Erfolge sollten daher von der gesamten Bevölkerung beachtet und ähnliche prophylaktische Maßnahmen auch in anderen Städten erwogen werden. E.

# Besprechungen und Referate

Sloss, L. L.

**Relationship of Primary Evaporites to Oil Accumulation**

V. Welterdölkongreß, New York 1959, Section I — Paper 7

Primäre salinare Schichten treten allgemein in Verbindung mit Karbonatgesteinen, die als Speicher für größere Erdöl- und Erdgasakkumulationen dienen, auf. Die sekundären salinaren Vorkommen, die deutlich andere Gesteine verdrängten oder nur Poren und Spalten ausfüllen, werden in der Arbeit nur gestreift.

Die primären salinaren Schichtenkomplexe treten in Sedimentärbecken und auf stabilen Schelfen auf. In den Becken kann man die zentralen salinaren Schichten, die vorwiegend aus Chloriden bestehen, von denen der Randgebiete, in denen Sulfate überwiegen, unterscheiden. Öl und Gas begleiten beide Ausbildungen, sind aber mehr an die Salinarschichten der Randgebiete geknüpft. Bei den Schelfvorkommen kann man relativ dünne schichtartige Ablagerungen, normalerweise mit Zwischeneinlagerungen aus Anhydrit bestehend, von rot gefärbten Salinarschichten aus Anhydrit oder Salz, die als Linsen verschiedener Ausdehnung in Sandschieferkomplexen ohne größere Karbonatvorkommen auftreten, unterscheiden. Diese letzteren sind nicht mit Öl- oder Gasakkumulationen verbunden.

Karbonatgesteine, die als seitliche Äquivalente salinarer Schichten auftreten, stellen gute Speicher in dem Verzahnungsgürtel beider Faziesbereiche dar. In den Übergangsbereichen können Speichergesteine in Riffen mit primärer oder sekundärer Porosität und Permeabilität sowie in den Detrituslagen an den Flanken solcher Riffbildungen, die aus klastischen zoogenen Bestandteilen und kleinen Karbonatkörnern und Oolithen aufgebaut sind, und endlich in einem dolomitischen „Halo" oder einer „Aureole", die die salinaren Schichtenkomplexe kreisförmig umgibt, auftreten. E.

Ortynski, I., A. Perrodon & C. de Lapparent

**Esquisse Paléogeographique et Structurale des Bassins du Sahara Septentrional**

V. Welterdölkongreß, New York 1959, Section I — Paper 38

Im nördlichen Teil der Algerischen Sahara wurden in den letzten sechs Jahren mesozoische und paläozoische Sedimentbecken, die sämtlich durch lockere jüngere Schichten verhüllt sind, aufgefunden. Man kann ein westliches silurdevonisches Becken von einem im Osten liegenden mesozoischen unterscheiden. Beide sind durch einen Gebietsstreifen getrennt, der wahrscheinlich während des Paläozoikums und des Mesozoikums Hochgebiet war. Die Gaslagerstätte Hassi R'mel liegt auf einer Aufwölbung, die den höchsten Teil der Zentralregion bildet. Die Lagerstätte Hassi Messaoud liegt auf einer flachen Antiklinale in kambrisch-ordovizischem Sandstein an einer NNE—SSW streichenden Achse, die sich bis zum Beginn der Unteren Kreide nachweisen läßt. In beiden Fällen hat die Diskordanz, die das Paläozoikum vom Mesozoikum trennt, eine wichtige Rolle bei der Ausbildung der Speicher gespielt, einmal durch die Bildung von Transgressionsablagerungen, zum andern durch die Verbesserung der Speichereigenschaften des Sandsteins durch prätriassische Erosion. In beiden Lagerstättengebieten bildet eine mächtige Serie von salinaren Triasgesteinen eine vorzügliche Abdichtung. Besonders beachtenswert sind die der Arbeit beigegebenen Isopachen-Kärtchen. E.

Dosmuchambetow, D. A.

**Positive Resultate bei der Anwendung gerichteter Bohrungen zur Erdölerkundung an Salzstöcken des Embagebietes**

Geologija nefti i gasa, 1960; H. 1, S. 57—60

Der Autor zeigt an drei Beispielen, auf welche Art und Weise der Aufschluß von Lagerstätten an Salzstöcken durch gerichtete Bohrungen stark vereinfacht und verbilligt werden kann. In Fällen, in denen mehrere Senkrechtbohrungen nötig sind, kommt man mit einer gerichteten Bohrung aus. In den angeführten Beispielen konnten die Aufschlußkosten um 40% gesenkt werden. M.

Luther, H.

**Erdöl als Rohstoff in der Chemischen Industrie**

„Bergbauwissenschaften", 7. Jg. (1960), S. 74—80

Der Verf. schildert die Entwicklung und wirtschaftliche Bedeutung der Petrochemie im Rahmen der Gesamtchemie. Unter anderem vergleicht er die Volumina der Nichteisenmetalle, die 3- bis 10mal schwerer sind als Plaste, mit denen der Kunststoffe. Dann macht das Volumen der Kunststoffe heute mehr als das Doppelte der Volumina von Aluminium,

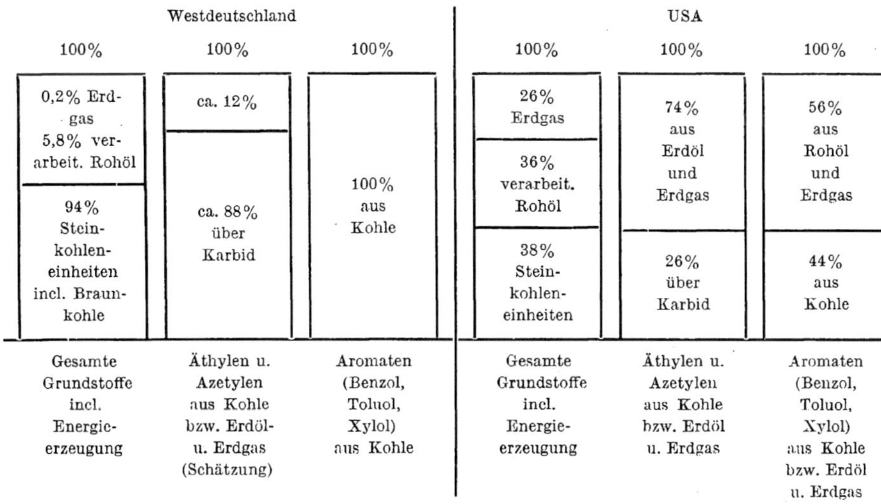


Aufteilung der Gesamtgrundstoffe in Westdeutschland und den USA

Magnesium, Kupfer, Zinn und Zink zusammen aus. Die Grundumsetzungen gasförmiger Paraffine und Olefine sowie des Azetylens sind in übersichtlichen Tabellen zusammengestellt.

Die dem Aufsatz entnommene Abbildung zeigt die verschiedenartige Rohstoffbasis in Westdeutschland und den USA.

Unter den petrochemischen Rohstoffen der chemischen Werke Hüls nimmt das Azetylen, das durch Spaltung von Methan bei mittleren Temperaturen um 1400° C im Lichtbogen gewonnen wird, eine bevorzugte Stellung ein. Bei der vorgesehenen Kapazität von 45000 jato Synthesekautschuk werden in den Buna-Werken Hüls nur 400 Werktätige benötigt. E.

Autorenkollektiv

**Kohle und Erdöl im Chemieprogramm**

Verlag Die Wirtschaft, Berlin 1960

Die kleine Schrift ist in zwei Teile gegliedert, von denen der erste die Kohle und der zweite das Erdöl in der chemischen Industrie der Deutschen Demokratischen Republik behandelt. Soweit Kohle und Erdöl als Rohstoffe beschrieben werden, ist die Darstellung, die etwa den Stand von 1955 wiedergibt, etwas überholt. Kaum Beachtung findet das Erdgas als chemische Rohstoffbasis. Im übrigen eignet sich das Buch als Nachschlagewerk für die Verfahren zur Aufarbeitung der Rohbraunkohle, der Steinkohle und des Erdöls zu Chemieprodukten und deren Verwendungsmöglichkeit. E.

LEONENKO, I. A.

**Methangewinnung aus Steinkohlenflözen in China**

„Ugol" (Moskau), Bd. 35 (1960), H. 2, S. 51–55

Die meisten Steinkohlengruben der Volksrepublik China sind gasgefährdet. Der Methangehalt der Flöze erhöht sich mit zunehmender Teufe, und zwar je 100 m um etwa 10 m³/t. So beträgt der Methangehalt des Fushunsker Kohlenflözes in 200 bis 300 m Teufe 10 bis 20, in 500 bis 600 m Teufe 40 bis 50 m³/t. Dieser hohe Methangehalt zwang dazu, die Flöze systematisch zu entgasen, um Gasausbrüche zu verhindern.

Aus Versuchsergebnissen ist zu entnehmen, daß jedes Entgasungsloch mit einem Umfang von 0,3 m und 100 m Länge bei einer Fläche von rd. 31 m² je Minute 1 m³ Gas liefert. Im Jahre 1958 wurden in den Kohlenbergwerken der Volksrepublik China rd. 115 · 10⁶ m³ Methan gewonnen. Diese Menge entspricht dem Wert von etwa 115000 t Kohle oder 72000 t Benzin. E.

TASCH, K.-H.

**Gleichzeitiges Auftreten von Braun- und Steinkohle an einem mineralisierten Baumstamm aus dem Ruhrkarbon**

„Glückauf", Jg. 95 (1959), H. 23, S. 1464–1465

Beim Abteufen des Schachtes Prosper 9 der Rheinstahl Bergbau AG zwischen Bottrop und Kirchhellen wurden im Hangenden von Flöz Hagen 1 der Dorstener Schichten (Westfal C) mehrere mineralisierte Baumstämme gefunden, deren inkohlte Rinde Steinkohle (Glanzkohle) war. Im Stamminnern der Stücke waren jedoch mehrere Braunkohlenschläuche zu erkennen, die sie parallel zur Stammachse durchsetzten. Die Braunkohle war weich, zerreiblich und gab einen dunkelbraunen Strich. Die Kohle der Rinde zeigte gegenüber anderen Glanzkohlen keine Abweichungen.

Es erscheint sehr fraglich, daß der Unterschied von Druck und Temperatur, denen die beiden nur 5 cm voneinander entfernt liegenden Kohlen ausgesetzt waren, ausgereicht hat, um Inkohlungsunterschiede von der Braunkohle zur Gasflammkohle hervorzurufen. Vielleicht ist die Prüfung, inwieweit der Faziesunterschied innerhalb und außerhalb des hohlen Baumstammes dafür entscheidend gewesen sein kann, von Nutzen. Auf kleinem Raum entstanden, nur durch die jetzt inkohlte Rinde getrennt, zwei vollkommen verschiedene Gesteine, nämlich außen der gewöhnliche milde Schieferton und innen Eisenspat. Dieser Umstand scheint auf unterschiedliche chemische Verhältnisse in den Stämmen und in deren Umgebung während der Sedimentation hinzuweisen, die möglicherweise für die Inkohlungsunterschiede bestimmend gewesen sein können.

Die gemachten Beobachtungen tragen gegebenenfalls dazu bei, die Theorien über den Ablauf der Inkohlung und die Genese der Mikrolithotypen erneut zu diskutieren.

E. SIEGMUND

STUFFKEN, J.

**Ein Berechnungsverfahren zur Bestimmung der Ausgasung von Steinkohlenflözen**

Bergbau-Archiv, Jg. 21 (1960), H. 1, S. 40–48

Der Autor weist auf die Wichtigkeit hin, bereits vor Beginn des Abbaues von Steinkohlenflözen eine Übersicht über die zu erwartenden Grubengasmengen zu erhalten. Die Gasentwicklung beim Abbau wird in der Hauptsache bestimmt durch die Veränderung des Spannungszustandes im Gebirgskörper, das Anstehen von Kohle in den von der Entspannung betroffenen Flözteilen, den Inkohlungsgrad und die Abbauteufe. Der Einfluß dieser Größen wird in Zahlen erfaßt, die dann als Grundlage für ein Berechnungsverfahren der zu erwartenden Grubengasmenge dienen. Mögliche Abweichungen, die durch geologische Einflüsse hervorgerufen sind, werden besprochen. E.

RETTIG, F.

**Aufschluß des Braunkohlenlagers der Societa Mineraria del Trasimeno bei Pietrafitta (Perugia), Italien**

„Braunkohle, Wärme u. Energie", Bd 12 (1960), H. 1, S. 7–14

Das Braunkohlenbecken von Pietrafitta bildet einen Ausläufer des Antico Lago Tiberino, liegt 10 km südlich des Lago Trasimeno in der Provinz Perugia, wird durch Höhenzüge des Eozäns und Oligozäns umrandet und umfaßt bei einer ost–westlichen Erstreckung von etwa 3,5 km und 2 km Breite eine Fläche von 7 km². Das Becken und die Beckenausfüllung setzen sich aus Grobschottern, Kiesen, Sanden und Tonen des Quartärs zusammen, in denen das an Fossilien reiche Braunkohlenflöz eingebettet ist.

Das ursprünglich fast horizontal abgelagerte Flöz wurde durch nachpliozäne Hebungen in seiner Lage verändert. Die größte Flözmächtigkeit beträgt 11,2 m, die mittlere 5,5 m. Die Hauptmächtigkeiten treten in der Muldenachse auf, und nach den Muldenrändern zu keilt das Flöz aus. Westlich des Fossa Nolfa ist die Kohle z. T. vermutlich infolge Selbstentzündung verbrannt, was an der auffallend roten Färbung des Hangendtones und dessen Umwandlung durch Hitzeeinwirkung in hartes Gestein zu erkennen ist. Das geologische Profil in der Muldenachse zeigt eine fast reine Oberbank und eine durch tonige Zwischenmittel verunreinigte Unterbank. Das Deckgebirge ist etwa 10 bis 20 m, stellenweise bis 25 m mächtig. Unmittelbar über der Kohle liegt eine hochwertige Tonschicht (Ziegeleiverwertung).

Die Entwässerung der Abraumschichten erfolgt vom Kohlenhangenden aus durch Schrägbohrlöcher, so daß keine Entwässerungsstrecken notwendig sind.

Der Gesamtkohlenvorrat beträgt rd. 30 Mill. t. Das Verhältnis A : K schwankt in den einzelnen Feldesteilen erheblich und liegt im Mittel bei 3 : 1. Die geförderte Rohbraunkohle ist heizwertarm ($H_u$ = 1300 kcal/kg), mit zahlreichen tonigen Zwischenmitteln durchsetzt und hat einen hohen Wassergehalt (54—60%). Sie wird in dem thermoelektrischen Kraftwerk „Citta di Roma" unter Bensonkesseln verbrannt, die bereits monatelang mit einer Rohbraunkohle von einem Heizwert $H_u$ = 1090 kcal/kg mit dem besten wärmewirtschaftlichen Erfolg betrieben werden. E. Siegmund

Schubert, E., H. Bayer & E. Schwarz

**Untersuchung der Rotsteinerze in der Eifel**

„Z. Erzbergbau Metallhüttenwes.", Bd. 12 (1959), H. 11, S. 531—537

In der Eifel treten mehrere Eisenerzvorkommen im Devon sowie in der Trias auf. Für die ehemals bedeutende Eisenindustrie in diesem Gebiet waren vor allem die mitteldevonischen Lagerstätten wichtig. Die unterdevonischen Brauneisenerze mit geringen Mächtigkeiten und stark schwankenden Gehalten haben wirtschaftlich keine Bedeutung. Bei den mitteldevonischen Eisenerzen werden nach der Genese 3 Typen unterschieden:

a) primäre Roteisensteinlager an der Grenze Unter-/Mitteldevon,
b) sekundär gebildete Sphärosiderite, die lagerartig in Tonen und Sanden dem kalkigen Mitteldevon aufliegen und
c) sekundär gebildete Brauneisennester in tertiären Tonen und Sanden auf kalkigen Mitteldevonschichten.

Am Nordrand der Eifel finden sich sphärosideritische Toneisensteinlager im Oberen Buntsandstein mit einer durchschnittlichen Mächtigkeit von 0,3 m.

Die Verfasser teilen die Ergebnisse der Kartierung von natürlichen Aufschlüssen in den Roteisenerzhorizonten am Liegenden des Mitteldevons in den großen Eifelkalkmulden von Gerolstein, Hillesheim und Lommersdorf mit. Die einzelnen Aufschlüsse wurden durch Schlitzproben über die Gesamtmächtigkeit des Erzlagers (Erz + nichtvererzte Zwischenmittel) bemustert und auf Fe-, CaO- u. $SiO_2$-Gehalte analysiert. Außerdem werden die Ergebnisse der erzmikroskopischen Untersuchungen mitgeteilt. 3 Zahlentafeln, in denen die Ergebnisse der Untersuchungen zusammengefaßt wurden, sowie 10 Abbildungen ergänzen die Ausführungen.

Abschließend wird eine Bewertung der Roteisenerzvorkommen vorgenommen, und zwar wird Antwort gegeben auf 2 Fragen:

a) Welche Vorräte sind in dem gesamten Bezirk zu erwarten?
b) Wie groß ist etwa der Erzinhalt eines in sich geschlossenen Baufeldes?

Die Verfasser rechnen mit einer Erzfläche von etwa 240 km², einer durchschnittlichen Mächtigkeit von 1 m und einem durchschnittlichen Raumgewicht von 2,9 t/m³. Sie kommen damit zu einem möglichen Vorrat von rund 700 Mio t. Frühere Vorratsschätzungen durch Einecke & Köhler (1910), die von den ehemaligen Fördermengen ausgingen, betrugen rund 50 Mio t. Die geschätzten Vorräte würden unter Umständen eine Gewinnung als eisenschüssige Zuschläge mit wirtschaftlichem Vorteil zulassen. H. Ulbrich

Sontow, N. S.

**Die geologische Struktur der Kupfer-Nickel-Ganglagerstätten des nördlichen Vorgebirges der Erzberge (Gebiet von Norilsk)**

„Geologie der Erzlagerstätten", Moskau, Jg. I (1959), H. 5, S. 3—21 (russisch)

Der Autor beschreibt einen Teil der bekannten Cu-Ni-Lagerstätten von Norilsk, die mit einer Anzahl von Intrusionen differenzierter Gabbro-Diabase räumlich und genetisch verbunden sind. Er betrachtet das gesamte Gabbro-Diabas-Intrusiv des Norilsker Erzgebietes als eine besondere Cu-Ni-Lagerstätte, in der die Vererzung räumlich an geringmächtige Zonen des Endo- und Exokontaktes gebunden ist.

Die Grenzen des Erzfeldes werden durch die Fläche des Ni-führenden Intrusivs bestimmt, das für die Lokalisation der Erze die entscheidende Rolle in struktureller und stratigraphischer Beziehung spielt. Die einzelnen Teile des Intrusives sind innerhalb eines relativ schmalen stratigraphischen Horizontes, der als Ablagerung der Tungusischen Serie bestimmt wurde, lokalisiert und an bestimmte Bruchspalten gebunden, die im direkten Zusammenhang mit der Faltung stehen. Gelegentlich können diese Spalten bis in das sogenannte Lavalager oder gar bis in das Oberdevon hinabreichen. Die östliche Ausbreitung dieses Gebietes wird von einer großen Bruchspalte — mit nordöstlicher Erstreckung — und von durchlaufenden parallelen Achsen synklinaler Faltungen begrenzt. Die Südgrenze des Erzfeldes dagegen wurde bis jetzt noch nicht näher bestimmt. In dieser Richtung befinden sich die Perspektiven für die Erkundung neuer Lagerstätten.

Die Bildung von Erzkörpern in der Lagerstätte wird auf der einen Seite von inneren Strukturelementen und vom Relief der Gabbro-Diabas-Intrusion (syngenetische Einsprenglings- und Schlierenvererzung), aber auf der anderen Seite von Elementen der postmagmatischen Spaltentektonik (Gangvererzung) bestimmt. Syngenetische Einsprenglingsvererzung ist in den untersten Teilen fast über die gesamte Fläche des Intrusivs verteilt, wobei die einzelnen Vertiefungen und Taschen im Relief des Bodens besondere Anreicherungen aufweisen. Schlieren komplizierter Sulfide, die von Einsprenglingserzen umgeben werden, sind ebenfalls in Aushöhlungen des Intrusionsbodens angereichert.

Die Untersuchungen der Struktur der Ganglagerstätten im nördlichen Vorgebirge der Erzberge ergab, daß diese Erzgänge Kontraktionsspalten in dem Intrusiv darstellen. Aber auch normale Klüfte in Sedimentgesteinen wurden von den Erzen ausgefüllt. Der Charakter dieser Spalten, das Fehlen von Aufschiebungen usw. zeugt von einer sehr schwachen tektonischen Tätigkeit und von oberflächennahen Bildungsbedingungen. Diese Norilsker Cu-Ni-Lagerstätten unterscheiden sich von einigen anderen analogen Lagerstätten, wie Sudbury und Petschenga, die unter den Bedingungen einer intensiven Tektonik in großer Teufe gebildet wurden. H. S.

**Freeport Nickel's Moa Bay puts Cuba among Ranking Ni-Producing Nations**

Engng. Min. J., Jg. 160 (1959), Nr. 12, S. 84—92

Durch die Aufnahme der Produktion an der Moa Bay wird Cuba zum zweitgrößten Nickelerzeuger der westlichen Welt. In dem neu entstehenden Werk in Oriente sollen jährlich 25000 t Nickel, 2200 t Kobalt und 92000 t Ammonsulfat aus Lateriten mit 1,36% Ni und 0,13% Co gewonnen werden. Da das Moa-Erz im Gegensatz zum Nicaro-Erz wenig Magnesia enthält, ist die saure Laugung bei der Aufbereitung des Roherzes möglich. Über den Gang des Verfahrens werden genaue Angaben gemacht. E.

**Die Entwicklung der Uranextraktion in den USA**

Atomnaja energija, Jg. 6 (1959), S. 226—227

Gegenwärtig werden mehr als 70% des Urans durch Sorption mit Harzen gewonnen. In der letzten Zeit beginnt sich aber das Extraktionsverfahren durchzusetzen. So beabsichtigte man gegen Ende des Jahres 1958 in den USA, zwei Drittel aller Uranfabriken auf die Extraktion mit Lösungsmitteln umzustellen. Das Extraktionsverfahren, das zur Gewinnung von Uran in Form von chemischen Konzentraten angewandt wird, besteht im wesentlichen darin, daß zwei nichtmischbare Phasen (organische und wäßrige) vermischt und getrennt werden, wobei ein Ionenaustausch zwischen beiden Phasen erfolgt. Sowohl Anionen- als auch Kationenaustauscher können verwendet werden. Die verschiedenen Arten der verwendeten ionenaustauschenden Extrahenten und ihr Anwendungsbereich werden besprochen. Die störende Wirkung feinverteilter fester Stoffe ist hervorzuheben.

Die Extraktion mit Lösungsmitteln zeichnet sich durch hohe Reaktionsgeschwindigkeit aus. Die beiden Phasen können leicht und schnell getrennt werden. Die chemischen Vorgänge rufen deshalb keine Schwierigkeiten hervor, und in das technologische Verfahren kann leicht regulierend eingegriffen werden, was sonst bei Ionenaustauschverfahren unmöglich ist. Außerdem erfordert die Extraktion weniger Kapitalaufwendungen, weniger Betriebskapazitäten und weniger Reagenzien.

Bisher ist es jedoch nicht gelungen, die Extraktion auch zur Gewinnung von Uran bei basischer Laugung und bei hohem Feststoffanteil anzuwenden. Nachteilig sind auch die Verluste an organischen Reagenzien infolge deren Löslichkeit in Wasser.

K. Köhler

Litoński, A.

**Entwicklung der Kaliindustrie in der Volksrepublik Polen**

,,Przeglad Gorniczy" (Katowice), Bd. 16 (1960), H. 2, S. 80–85

Die polnische Produktion an $K_2O$ reicht nicht aus. Allein die Landwirtschaft wird 1965 rd. 440000 und 1970 rd. 600000 t Kalidüngemittel benötigen. Aus der DDR ist ein jährlicher Import von 350000 t gesichert.

Die Volksrepublik Polen verfügt über eine mittelgroße Kalilagerstätte in der Nähe von Kłodawa, wo eine Kaligrube fördert. Bisher wurde ein Vorrat von 24–25 Mill. t mit einem $K_2O$-Gehalt von 8,5% und einem MgO-Gehalt von 8,1% ermittelt. Das Kalilager liegt in 450–675 m Teufe. Die nördlich und südlich der Lagerstätte durchgeführte geologische Erkundung ergab, daß die Ausdehnung der Lagerstätte größer sein könnte, als bisher vermutet wurde.

Man rechnet für 1960 mit einer Förderung von 450000 t Rohsalz mit 25000 t $K_2O$, für 1970 von 50000 t $K_2O$ und für das Jahr 1975 mit einer Jahresförderung von rd. 1,35 Mill. t Rohsalz mit 75000 t $K_2O$.

E.

Neumann, R.

**Zur Genesis des roten Kaolins in den mitteldeutschen Kaolinlagerstätten**

,,Silikat-Technik", Jg. 11 (1960), S. 56–57

Die Genesis des roten Kaolins erklärt der Autor wie folgt:

,,Gesteinspartien des Ursprungsgesteins wurden auf Grund ihrer kompakten Beschaffenheit beim Kaolinisierungsprozeß durch die stark sauer reagierenden Verwitterungslösungen nicht oder nur ungenügend gebleicht, d. h., das die rotbraune Farbe des Porphyrs hervorrufende $Fe_2O_3$ wurde nur teilweise weggeführt. Als die Bildung der wasserhaltigen Tonerdesilikate (Kaolinit u. a.) erfolgte, hatten die Verwitterungslösungen schwach sauren Charakter, denn nur unter diesen Bedingungen ist die heutige mineral-chemische Zusammensetzung des Kaolinits zu erklären. Die ungebleichten, roten Kaolinpartien in dem schmutzig-weißen Kaolin lassen darauf schließen, daß die Verwitterungslösungen seit dem Bleichungsvorgang nie wieder einen $p_H$-Wert von $< 3$ erreicht haben, um noch eine Bleichung hervorrufen zu können. Das Auftreten von rotem Kaolin an der Basis des weißen Kaolins kann auf dieselbe Weise erklärt werden."

E.

Schmidt, R.

**Die Rohstoffe zur Glaserzeugung**

2. Aufl., bearbeitet von H. Voss

Akademische Verlagsgesellschaft Geest & Portig, Leipzig 1958

Bis auf eine kurze Einleitung über die Natur der Gläser und den Schmelzvorgang (8 Seiten) sowie ein Namenverzeichnis handelt es sich um eine fast unveränderte Neuauflage des bekannten Buches aus dem Jahre 1943. Es beschreibt die Technologie und Bewertung der Rohstoffe zur Einführung von Kieselsäure, Tonerde, Bor, Alkalien, Erdalkalien, Seltenen Erden, Phosphor, Arsen u. a. in die Glasmasse sowie die zahlreichen Zusätze für Trübung, Färbung und Läuterung. Das Verzeichnis der für die Glasbildung in Betracht kommenden Elemente ist außerordentlich umfangreich und umfaßt 56 Positionen. Den Geologen interessieren vorwiegend die Komponenten, die im natürlichen Zustand (evtl. nach vorheriger Aufbereitung) in die Glasfabrikation eingehen.

Über die wichtigsten Rohstoffe der Deutschen Demokratischen Republik gibt es inzwischen neuere Dokumentationen, die zwar nicht veröffentlicht sind, aber den Organen der Wirtschaft vorliegen. Sie wurden in dem vorliegenden Buch noch nicht berücksichtigt. Die Qualitätsansprüche, vor allem für Quarzsand, Kalk und Dolomit sind scheinbar unverändert. In der Praxis sieht es leider anders aus.

Der mit der Erkundung von mineralischen Rohstoffen beschäftigte Geologe liest mit Interesse, daß damals wie heute für Quarzsande $Fe_2O_3$-Gehalte zwischen 0,01% für optisches Glas und 0,5% für halbweißes dünnes Glas zugelassen sind. Für gewöhnliches Fensterglas werden höchstens 0,2% verlangt. Er vergleicht damit die heutigen Forderungen der Industrie, wonach Sande mit mehr als 0,03% $Fe_2O_3$ überhaupt nicht mehr abzusetzen sind.

Damals wie heute wird von Kennern der Verhältnisse der selektive Abbau der Quarzsande verlangt (sogar Handabbau!), damit Verunreinigungen vermieden werden und für Qualitätserzeugnisse ein einwandfreier Rohstoff zur Verfügung steht. Man vergleiche damit die Verhältnisse in den meisten Glassandgruben, in denen der Sand mit Eimerkettenbaggern in durchschnittlicher Qualität gewonnen wird. Wir sind mit den Verfassern der Meinung, daß ,,es nicht zu verantworten ist, wenn etwa die besten Rohstoffe für gewöhnliche Gläser genommen werden".

Wertvoll sind die Übersichten über die Zusammensetzung der Spitzensande. Sie enthalten eine statistische Auswertung vor allem der Eisengehalte für 15 Jahre. Leider sind sie über 1938 hinaus nicht fortgeführt worden.

Hass

Kitaigorodski, J. & E. J. Fedin

**Eine neue Spektroskopie**

,,Wissenschaft und Fortschritt", Jg. 10 (1960), S. 166–169

Ausgehend von der klassischen, optischen Spektroskopie, deren Anwendungsgebiet die Analyse chemischer Elemente ist, beschreiben die Verf. die Grundlagen der Spektroskopie im langwelligen infraroten Bereich des elektromagnetischen Spektrums. Die Infrarotspektroskopie liefert wertvolle Angaben über die Struktur der Molekeln. Das wird am Beispiel des kompliziert aufgebauten Tetrafluorpropionitrils dargestellt. Über die Bindungen der Fluoratome in dieser Molekel vermag die Infrarotspektroskopie infolge der sehr schwachen Energiequanten nichts mehr auszusagen. Hier kann nun eine neue Art von Spektralanalyse im Bereich der noch energieärmeren Hochfrequenzschwingungen weiterhelfen. Es handelt sich um eine Methode, die sich auf die Untersuchung der magnetischen Resonanz der Elektronen und Atomkerne gründet und die gewissermaßen magnetische Spektren liefert. Diese sogenannte Radiospektroskopie unterscheidet verschiedene Arten von magnetischer Resonanz; die paramagnetische Elektronenresonanz (PER) und die magnetische Kernresonanz (MKR). Das MKR-Spektrum des obengeannten Tetrafluorpropionitrils z. B. vermag auch Auskunft über die Anordnung der Fluoratome in der Molekel zu geben. Besonders geeignet ist die MKR zur strukturellen Untersuchung organischer Verbindungen mit vielen Wasserstoffatomen. So einfach die Radiospektren an sich gebaut sind, so kompliziert ist demgegenüber die Apparatur eines magnetischen Kernspektrometers. Das PER-Verfahren ermöglicht, im Verlauf einer chemischen Reaktion nicht nur die Zeit des Auftretens von Radikalen, sondern auch die Art der Radikale anzugeben. Seit 1950 gibt es noch ein weiteres Verfahren der magnetischen Kernresonanz, die Quadrupol-Kernresonanz (QKR). Mit der QKR können die Stoffe — im Gegensatz zur MKR, bei der Flüssigkeiten verwendet werden — im festen Zustand und ohne Überlagerung eines Magnetfeldes untersucht werden. Die Substanz wird in die Spule des Schwingkreises eines HF-Generators gebracht und die im Radiowellenbereich von Zentimetern bis 200 Meter Wellenlänge auftretenden Resonanzen registriert. Die Bedeutung dieser Meßtechnik wird an der Aufklärung des Bindungscharakters der Chloratome im Paradichlorbenzol demonstriert. Die Methoden der Radiospektroskopie werden in Zukunft eine bedeutende Rolle bei der Untersuchung der Zusammensetzung und Struktur von Molekeln insbesondere organischer Verbindungen spielen.

Dr. Ottemann

Hawkins, D. B., F. D. Canney & F. N. Ward

**Plastic Standards for Geochemical Prospecting**

,,Econ. Geol.", Vol. 54 (1959), Nr. 4, S. 738–744

Eine Vorliebe für die Anwendung kolorimetrischer Methoden bei den geochemischen Sucharbeiten tritt besonders in den USA in Erscheinung. Die Anwendung der üblichen flüssigen Standardlösungen im Gelände begegnet allerdings einer Reihe von Schwierigkeiten, von denen nur die folgenden erwähnt werden sollen: Metalldithizonate z. B. zerfallen, wenn sie Sonnenlicht und höherer Temperatur ausgesetzt werden; für manche Methoden benötigt man sieben oder noch mehr Sätze von Standardlösungen; die Glasröhren sind zerbrechlich.

Hawkins, Canney & Ward schlagen deshalb ein Verfahren zur Herstellung künstlicher Standards vor, das die beschriebenen Nachteile der bisherigen Verwendung von flüssigen Standards nicht besitzt; ein weiterer Vorteil besteht darin, daß die Herstellung dieser Standards auch von unqualifizierten Kräften vorgenommen werden kann.

Das Wesen der vorgeschlagenen Methode zur Herstellung künstlicher Standards besteht kurz darin, daß ein flüssiges Harz dauerhaft gefärbt wird, wobei die Färbung mit den im Labor hergestellten flüssigen Standardlösungen abgestimmt wird. Das flüssige Harz (ein Kunststoff) wird dann in Glasröhren gegossen, es erhärtet und kann aus den Röhren entfernt werden. Die erhaltenen „Stangen" haben dieselben Abmessungen wie die bisher üblichen Standards, sie sind unempfindlich gegen Wasser und rauhe Behandlung.

Zur Herstellung und Eichung der Standards ist im einzelnen folgendes zu sagen: Zuerst werden die konventionellen flüssigen Standards in bestimmten Abstufungen zubereitet, zur Herstellung der künstlichen Standards bedient man sich eines durchsichtigen, hitzebeständigen Polyesterharzes, bekannt unter der Bezeichnung „Castolit". Man gibt etwa 3 Teelöffel des klaren Harzes in eine Papiertasse und gibt geringe Mengen des Färbungsmittels so lange zu, bis die Farbe mit der Farbe der üblichen (flüssigen) Standardlösung, die der größten Konzentration entspricht, übereinstimmt. Die Herstellung der Abstufungen, die geringeren Konzentrationen entsprechen, erfolgt durch einfache Verdünnung des gefärbten Kunstharzes mit klarem Kunstharz.

Nach Herstellung des entsprechenden Satzes gefärbter Kunstharzlösungen, die bestimmten Konzentrationen entsprechen und deren Intensität visuell mit der entsprechender flüssiger Standards verglichen wurde, gibt man einen Teelöffel klares Harz (versetzt mit einem Härtungsmittel und einer Substanz zur Beschleunigung der Kaltsetzung) in eine Glasröhre (mit denselben Abmessungen wie die bisher üblichen, im Gelände benutzten Glasröhren) und läßt 10 min stehen. Dann folgt gefärbtes Kunstharz, dessen Farbton der geringsten Konzentration entspricht (ebenfalls versetzt mit den beiden ebenerwähnten Reagenzien), dann wieder eine Schicht ungefärbtes Kunstharz usw. bis zum gefärbten Kunstharz mit der stärksten Farbtönung. Darüber folgt nochmals ungefärbtes Kunstharz. Nach Abkühlung auf Raumtemperatur wird durch Erhitzen im Wasserbad bei 70° gehärtet. Dann kann die Kunststoff„stange" leicht aus dem Glas herausgeklopft werden, wobei man noch Azeton als Gleitmittel benutzen kann.

Die Verfasser entwickelten diese Methode für die kolorimetrische Bestimmung von Kupfer, Zink, Quecksilber und Zinn.

Kupfer. Die Reaktion von $Sn^{IV}$ mit Gallein verleiht dem Kunstharz eine Färbung, die etwa der Färbung des Kupferstandards der üblichen Spurenbestimmung entspricht. Der Farbkomplex wird hergestellt durch Reaktion von $Sn^{4+}$ mit 4,5—Dihydroxyfluoreszin in mit Essigsäure gepufferter Lösung bei $p_H$ 2—2,5 und Extraktion mit o-Dichlorobenzol und Cyclohexanon. Die erhaltene farbige wäßrige Lösung dient als Färbungsmittel für Kupfer. In den Laboratorien des US Geological Survey ist die Herstellung folgender Konzentrationsabstufungen üblich: 0; 0,4; 0,8; 1,5; 3,6 mg/l.

Zink. Bei der Herstellung der künstlichen Standards benutzt man wiederum Castolit und verdünnt den Farbstoff mit verdünntem Alkohol oder Azeton. Die erhaltenen Farben werden mit der Färbung der Zinkdithizonate abgestimmt.

Quecksilber. Zur Färbung benutzt man Orange II in gesättigter Äthylalkohollösung.

Bei Zinn benutzt man dasselbe Verfahren wie bei Kupfer.

Oestreich

Rochlitzer, J.

**Eine Bilanz unserer Wasserwirtschaft**

„Die Wirtschaft", Nr. 20, 1960, S. 15

Der Autor zeigt die gewaltigen Perspektiven auf wasserwirtschaftlichem Gebiet. Besonders hob er die nur unter sozialistischen Verhältnissen mögliche komplexe Nutzung des Wassers hervor. Eine sehr wichtige Rolle spielt dabei die „Herstellung gesunder Beziehungen zwischen Wasserbedarf und Abwässerbehandlung", die in obengenanntem Artikel als „Mittelpunkt der Aufgaben der Wasserwirtschaft" bezeichnet wird. Eine eingehende komplexe Betrachtung von Wassergewinnungs- und Abwässerreinigungs-Maßnahmen muß vor allem schon in der Perspektiv- und Großraumplanung gefordert werden. Oft scheitert eine Trinkwassergewinnung, z. B. durch Uferfiltration, nur an der schlechten Qualität des sonst ausreichend vorhandenen Oberflächenwassers. Der Hydrogeologe ist dann immer gezwungen, neue Grundwasserlagerstätten zu suchen, deren Lage oft erhebliche Wassertransportkosten mit sich bringt und deren Erschließung und Nutzung weitere Mehrausgaben verursachen. Diese Mehrausgaben stehen in vielen Fällen in keinem Verhältnis zu den Reinigungskosten, die notwendig werden, um die schädigenden Schmutzstoffe zu entfernen. Eine Trinkwassergewinnung durch Uferfiltration scheitert meist nicht an der allgemeinen Abwasserlast der Flüsse, sondern lediglich an bestimmten Industrieabfällen, die sich nicht durch natürliches Filtrieren entfernen lassen. Eine in dieser Hinsicht mit besonderem Ernst zu betrachtende Substanz ist das Phenol, ein „Abfall"-Produkt der chemischen Industrie, deren Kapazität und somit auch deren Abwasseranfall in Zukunft überdurchschnittlich ansteigen wird. Uferfiltration und Infiltration von Oberflächenwasser zum Zwecke der Grundwasseranreicherung, Speicherung und Trinkwasserversorgung werden im Hinblick auf den erhöhten Bedarf von Bevölkerung, Landwirtschaft und Industrie in Zukunft wichtiger denn je sein, da die noch ungenutzten Grundwasser-Lagerstätten nicht unerschöpflich sind.

Zieschang

Gromeyer, E.

**Wo stehen wir im Meliorationswesen?**

Teipel, R.

**Allseitige Förderung des Meliorationswesens — eine wichtige Voraussetzung für weitere landwirtschaftliche Ertragssteigerungen in der Deutschen Demokratischen Republik**

„Wasserwirtschaft — Wassertechnik", Jg. 10 (1960), H. 4

Nach dem Siebenjahrplan sind für rd. 550000 ha landwirtschaftliche Nutzfläche Meliorationen mit einem Kostenaufwand von fast 1 Mrd. DM vorgesehen, und von der Wasserwirtschaft und der Forstwirtschaft werden zusätzlich viele hundert Mill. DM zur Steigerung der pflanzlichen und tierischen Produktion der Landwirtschaft investiert. — Die Bedeutung von Meliorationen, die die natürlichen Ertragsbedingungen der Landwirtschaft entscheidend verbessern, hob Walter Ulbricht auf dem 8. Plenum des ZK nachdrücklich hervor. In einem Diskussionsbeitrag teilte Prof. Olberts mit, daß die Sektion 9 der Deutschen Akademie der Landwirtschaftswissenschaften eine Denkschrift zur Verbesserung der Organisationsformen eines Meliorationsdienstes ausarbeitet, der in jedem Kreis eingerichtet werden sollte und Planung, Durchführung, Ausnutzung und Instandhaltung umfassender Komplexmeliorationen zur Aufgabe hat. Auch dem Bergbau sind bei der Rekultivierung von Braunkohlentagebauen große Möglichkeiten zu einer echten Vermehrung und Verbesserung der landwirtschaftlichen Nutzfläche gegeben. Er kann damit auch auf diesem Sektor zur Lösung der ökonomischen Hauptaufgabe beitragen (Z. angew. Geol., Jg. 3, S. 405—408, 1957). Es ist besonders zu begrüßen, daß sich Heft 4, 1960, der Zeitschrift „Wasserwirtschaft — Wassertechnik" fast vollständig mit Problemen der Meliorationen und damit zusammenhängenden Fragen (Abwasserverwertung) befaßt.

Dr. Gromeyer erörtert an der Frage: „Wo stehen wir im Meliorationswesen?" Voraussetzungen, Aufgabenstellung, Verantwortung und Zielsetzung im Meliorationswesen, wobei als Objekt der Meliorationstätigkeit der Komplex aller leistungsbedingenden geographischen Faktoren in der Agrarlandschaft und ihre gegenseitige Abhängigkeit zu betrachten ist. Die Durchführung der Maßnahmen macht deshalb eine allseitige Analyse erforderlich. Zu den Meliorationsmaßnahmen gehören alle technischen, biologischen und physikalisch-chemischen Verfahren, die Veränderungen der leistungsbedingenden Faktoren bewirken können. Dabei sind in der sozialistischen Wirtschaft unter Ausschaltung individualistischer Interessengegensätze höchste Meliorationserfolge möglich.

Eine Großraumwirtschaft erleichtert die Planung von Meliorationen, die in der Regel ebenfalls großräumig erfolgen muß.

Während Dr. Gromeyer vorwiegend die Diagnose des Meliorationswesens behandelt, beschäftigt sich Prof. Teipel mehr mit seiner Therapie. Schwerpunkt: Umfassende Mechanisierung der Meliorationsmaßnahmen.

Auch Prof. Teipel geht von den Meliorationen als Komplexaufgabe aus und fordert eine Standortanalyse in der Reihenfolge Klima, Topographie, Boden, natürliche Vegetation und ökonomische Erschließung, um auf diese Weise die leistungsbegrenzenden Faktoren zu ermitteln. Die Maßnahmen zur Erhöhung der Bodenleistung und Bodenfruchtbarkeit teilt er ein in:

1. Klimameliorationen, 2. Relief- und Oberflächenmeliorationen, 3. Hydro-, Gefüge- und Humusmeliorationen, 4. biologische Meliorationen.

Zur Lösung solcher umfassender Aufgaben ist ein einzelner nicht mehr in der Lage, sie können nur von sozialistischen Arbeitsgemeinschaften bewältigt werden. Weiterhin sollen bei den örtlichen staatlichen Organen Beiräte für Landeskultur mitwirken. Das setzt die Bildung entsprechender Kader voraus.

Entscheidende Fortschritte sind aber nur durch eine umfassende Mechanisierung bei Bau und Unterhaltung von Meliorationsmaßnahmen zu erzielen. — In einer Analyse des jetzigen Standes der Maschinenentwicklung erörtert der Verf. Vor- und Nachteile gebräuchlicher Maschinensysteme vor allem für Entwässerungsarbeiten und entwickelt zahlreiche Verbesserungsvorschläge. — Beide Arbeiten werden den intensiven Meinungsaustausch der Fachleute, aber auch der örtlichen Staatsorgane sehr anregen und befruchten.

W. WEISBROD

## Neuerscheinungen und Literaturhinweise

Autorenkollektiv
Geologischer Sammelband
(Arbeiten der Filiale des wissenschaftlichen Unionsforschungsinstitutes für Erdöl- und Erdgas in Krasnodar. 3. u. 4. Folge) Gostoptechisdat, Moskau 1960

Autorenkollektiv
Die Verwitterungsrinde
(Sammelband) Isd-wo AN SSSR, 1960, 480 S.

MATWEJEWSKAJA, A. L. & J. F. IWANOWA
Der geologische Bau und die Perspektiven der Erdöl- und Erdgasführung im südlichen Teil der Westsibirischen Tiefebene
Isd-wo AN SSSR, 1960, 320 S.

Autorenkollektiv
Niederbringen und Ausbeute von Erdölbohrlöchern
(Arbeiten des Moskauer Institutes der erdölchemischen und Gasindustrie, 29. Folge) Gostoptechisdat, Moskau 1960, 160 S.

KUSNEZOW, S. I.
Die geologische Tätigkeit der Mikroorganismen
Sowjetwissenschaft, Naturwissenschaftliche Beiträge, 1959, H. 9, S. 993 bis 997

ULLMANN, W. & R. MAAZ
Theoretische Untersuchungen über die Ortung seismischer Herde in Bergbaugebieten
(Veröff. des Instituts für Bodendynamik und Erdbebenforschung der Deutschen Akademie der Wissenschaften zu Berlin in Jena, Heft 62) Akademie-Verlag, Berlin 1960, 76 S.

KAPLAN, G. E., J. I. ZAREMBO & T. A. USPENSKAJA
Derzeitige Darstellung und Nutzung des Thoriums
„Kernenergie", Jg. 2 (1959), H. 8, S. 750—756

RECHARSKIJ, W. I.
Über die Gesetzmäßigkeiten der Verteilung von Uran und Molybdän in mineralisierten Zonen
Izv. Akad. nauk SSSR, Ser. geol., Jg. 24 (1959), Nr. 8, S. 20—33 (russisch)

JANITZKI, A. L.
Oolith-Eisenerze des Oligozän in der nördlichen Turgaisenke und ihre Genese
(Arbeiten des Instituts für die Geologie der Erzlagerstätten, für Petrographie, Mineralogie und Geochemie bei der Akademie der Wissenschaften der UdSSR) Isd-wo AN SSSR, 1960, 280 S.

TYRSIN, S. M. & P. J. FILIPPOW
Die Entwässerungsarbeiten in der Eisenerzlagerstätte Sokolowsk
„Gorn. Journ.", 1958, Nr. 11, S. 21—24 (russisch)

Autorenkollektiv
Petrographie und Mineralogie der Asbestlagerstatten
(Arbeiten des Institus für die Geologie der Erzlagerstätten, für Petrographie, Mineralogie und Geochemie bei der Akademie der Wissenschaften der UdSSR) Isd-wo AN SSSR, 1960, 96 S.

# Nachrichten und Informationen

### Erkundungsergebnisse in der Sowjetunion

Nach einem Bericht des Ministers für Geologie, ANTROPOW, in der „Iswestija" vom 17. März 1960 betragen die Vorräte an Apatit über 1,6 Milliarden t, an Phosphorit über 2 Milliarden t und an Kalisalzen über 6,5 Milliarden t. Die Sowjetunion besitzt die größten Kalisalzvorkommen der Welt. Mit ihren Phosphatvorräten nimmt sie einen der führenden Plätze in der Welt ein.

Im W und NW der Sowjetunion liegen große abbauwürdige Phosphatvorkommen. Kasachstan verfügt über bedeutende Phosphoritlagerstätten. Die ermittelten Vorräte belaufen sich dort auf 536 Mill. t.

Auf ein Vorkommen hochwertiger Bauxite sind sowjetische Geologen im mittleren Teil des Uralgebirges gestoßen. An seinen Westhängen wurden umfangreiche Vorkommen von Bergkristall entdeckt. Bedeutende Vorräte an Bergkristall, der in der Technik und auch für die Herstellung von Kunstgegenständen Verwendung findet, wurden auch im Süden des Urals aufgefunden. In dieser Gegend haben die Geologen auch an die Oberfläche tretende reiche Lagerstätten von Graphit und anderen Bodenschätzen erschlossen. Im Uralgebiet sind im Laufe dieses Jahres etwa 400 geologische Expeditionen im Einsatz.

E.

### Weltenergiekonferenz in Madrid

Die Weltenergiekonferenz, die im Juni dieses Jahres in Madrid stattfand, war von 1500 Fachleuten aus 59 Staaten besucht. Der Themenkreis umfaßte unter anderem die Suche und Erschließung natürlicher Energierohstoffe (Kohle, Erdgas, Erdöl, Kernenergie, Wasser). Es wurde festgestellt, daß für die Ermittlung des Energiebedarfs künftiger Jahrzehnte bisher verläßliche Grundlagen für die Berechnung fehlten. Übereinstimmung bestand darin, daß in naher Zukunft ein beträchtlicher Anstieg des Bedarfes an Heizöl und elektrischer Energie eintreten und daß demgegenüber die Heizkohle an Boden verlieren wird. Besonders betont wurden die reichen Vorräte an Erdöl, Erdgas und Kohle, und es wurde aus dieser Situation die Schlußfolgerung gezogen, daß diese drei Energieträger noch für lange Zeit die Hauptmenge des Kraftbedarfs der Welt liefern werden. Man war der Ansicht, daß in Westeuropa vor allem das Erdgas eine größere Rolle als bisher spielen werde. Die verwertbaren Gasvorräte von Hassi R'Mel wurden mit 1—2 Billionen $m^3$ angegeben, und man zog eine jährliche Lieferungsmöglichkeit von 50 Mrd. $m^3$ Methan in Erwägung. Nach dem „Eurafrigas-Projekt" sollen zunächst 15 Mrd. $m^3$ gereinigtes Methangas produziert werden, von denen 10 Mrd. durch Gasleitungen und 5 Mrd. verflüssigt durch Methantanker nach Europa transportiert werden sollen. Die Leitung, die durch das Mittelmeer führt, soll insgesamt 2750 km lang und bis Straßburg und Essen verlegt werden. Die 200 km lange Gasleitung durch das Mittelmeer von Mostaganem (Algerien) nach Cartagena (Spanien) wird aus 12 Rohren von 20 cm Durchmesser bestehen.

Die westdeutschen Vertreter führten aus, daß im nordwestdeutschen Tiefland im Zechstein und im Alpenvorland noch nennenswerte Erdgasvorkommen zu erwarten seien. Weitere intensive Sucharbeiten wurden für das norddeutsche Küstengebiet, für den Saar-Nahe-Trog und die tieferen Horizonte Nordwestdeutschlands vorgeschlagen.

E.

### 4. Lagerstättenkundlich-petrographisches Seminar

Am 3. Mai 1960 fand das 4. lagerstättenkundlich-petrographische Seminar der Arbeitsgruppe Petrographie und Mineralogie im ZGD statt. Das Seminar diente vor allem dem Austausch von Erfahrungen bei der Mineralbestimmung im Rahmen routinemäßiger petrographischer Arbeiten. Besonders die röntgenographischen Methoden und die Kombination mehrerer Bestimmungsmethoden wurden dabei beachtet. Außerdem stand die Nomenklatur klastischer Sedimente in Anlehnung an die Arbeit von FÜCHTBAUER (Erdöl und Kohle, H. 8, 1959) zur Debatte. Im einzelnen sah das Programm folgendermaßen aus:

Thema I: Die Diagnose wichtiger gesteinsbildender und nebengesteinsbildender Mineralien mit kombinierten Methoden im Rahmen petrographischer Routinearbeiten.
T. Kaemmel (ZGD) — Einleitung zum Thema I.
E. Knauer (ZGD) — Die Bestimmung der Karbonate mit Hilfe der Lichtbrechung, Anfärbung und Mikroreaktionen.
T. Kaemmel (ZGD) — Die Bestimmung der Karbonate mit röntgenographischen Präzisionsaufnahmen.
W. Gottesmann (ZGD) — Die Bestimmung der Chlorite mit Lichtbrechung und röntgenographischen Pulveraufnahmen.
G. Kranz (DAW, Inst. f. a. Silikatf.) — Schwierigkeiten bei der röntgenographischen Bestimmung der Tonmineralien.

Thema II: Praktische Vorführung von petrographischen Laborarbeiten mit Erläuterungen.
Verschiedene Mitarbeiter der Arbeitsgruppe: Anfärbung von Karbonaten, Anfärbung von Tonmineralien im Körnerpräparat und im Dünnschliff, Anfärbung von Kalifeldspaten, Vorführung einer Guinierkamera (Ergebnis einer Zusammenarbeit des GD Halle und des ZGD Berlin).

Thema III: Normung von Gesteinsbezeichnungen bei der petrographischen Gesteinsbestimmung.
S. Diener (ZGD) — Über die Nomenklatur der klastischen Sedimentgesteine, eine Auseinandersetzung mit dem Vorschlag von FÜCHTBAUER, Erdöl und Kohle.

Thema IV: Kolloquium der Bearbeiter südbrandenburgischer präpermischer Gesteine.

KAE.

## Erdöl/Erdgas

### Mineralöl-Weltverbrauch

Nach Angaben der ESSO AG überschritt der Verbrauch an Mineralölen in der Welt zum ersten Mal 1 Mrd. t. Den stärksten Verbrauchszuwachs hatte mit 15% Westeuropa, das 1959 mit 176 Mill. t nach Nordamerika mit 532 Mill. t der zweitgrößte Mineralölkonsument der Welt war. 1959 arbeiteten in der westlichen Welt mehr als 4400 Bohrtrupps, das sind fast 2% mehr als 1958. Der größte Erfolg des Jahres war die Entdeckung der Erdöllager Zelten in Libyen. Insgesamt wurden im verflossenen Jahr über 10 Ölfelder in Libyen gefunden, die eine wirtschaftliche Förderung erlauben. Gleichzeitig stiegen die sicheren Vorräte Libyens im Verlaufe des Jahres 1959 von 7 auf 200 Mill. t. Dagegen stiegen die Weltvorräte, die mit 40,2 Mrd. t angegeben werden, nur um 6%. Die Welterdölförderung wuchs 1959 um 83 Mill. t (= 9%) auf 971 Mill. t.

Die Weltraffineriekapazität stieg um 4% auf 1168 Mill. t, während sich gleichzeitig die Zahl der Raffinerien von 728 auf 706 verringerte. Die Tonnage der Welttankerflotte erreichte zum Jahresende mit 63,4 Mill. dwt einen neuen Höchststand.

Für 1975 erwartet man einen Mineralöl-Weltkonsum von etwa 1,5 Mrd. t. E.

### Chinas Erdölaussichten

Über die großen Perspektiven der Erdölindustrie Chinas äußerte sich nach Montan-Archiv Nr. 29 vom 12. 4. 1960 Prof. Dr. A. HEIM, Zürich, folgendermaßen:

„Während im Jahre 1956 die beiden Amerika mehr als die Hälfte der Weltproduktion lieferten und der Strom von Tankern der Sonne entgegenschwamm, so beginnt sich jetzt eine Wende im umgekehrten Sinne anzubahnen. Denn bereits deckt der Mittlere Osten drei Viertel des europäischen Imports und zudem Australien und des Fernen Ostens.

Gewissermaßen im Spiegel der Sahara liegen auf der nördlichen Halbkugel die Steppen und Wüstenbecken Zentralasiens. Dort arbeiten Hunderte von chinesischen Geologen und Ingenieuren unter der Oberhoheit des chinesischen Ministers für Erdöl, Prof. J. S. LEE. Schon sind phantastische Entdeckungen gemacht worden. Nur die schwierigen Lebensbedingungen und die enormen weglosen Entfernungen wirken noch hemmend auf die Erdölgewinnung. Straßen und Eisenbahnen sind im Bau. Doch noch scheint es in China an Fabriken für große Rohrleitungen zu fehlen.

Am bedeutendsten tritt zunächst hervor das Erdölfeld bei der neuen Stadt Karamai in der Steppe des Dzungaribeckens zwischen Altai und Tienshan, 150 km von der russischen Grenze entfernt. Bereits steht eine Raffinerie bei Tushantze, 160 km südlich Karamais, an der alten Karawanenstraße von Urumchi. Wasser kann vom Manaß-Fluß hergeleitet werden. Schon seit dem August 1956 sollen 20 Bohrtürme zur Produktion bereit stehen. Außer in Karamai wurden noch Erdölfelder in Uerho entdeckt, 130 km weiter nördlich, und in den großen Becken von Tarim, Turfan und Tsaidam. In der Chinghai-Provinz haben sich schon die ersten neuen Probebohrungen als produktiv erwiesen. Am westlichen Rand der seit Jahrzehnten produzierenden Ölfelder der Provinzen Shensi und Kansu werden verschiedene Ölfelder aus dem riesigen Flachland der Inneren Mongolei gemeldet, ferner in Sinkiang und Szechuan.

Allem Anschein nach werden sich also im Inneren Chinas und im sowjetischen Grenzgebiet die nächsten weltwichtigen Erdölgebiete entwickeln, deren Bedeutung in kommerzieller und politischer Hinsicht noch unabsehbar ist. Kein zuverlässiger Forscher wird sich heute dazu versteigen, die Weltölvorräte abzuschätzen.Die Entdeckungen sind zu groß und die Kenntnisse noch zu unsicher. Noch nie in der Geschichte stand die Menschheit vor solchen erdumspannenden technischen Perspektiven, wie sie die heutigen geologischen Kenntnisse des Erdöls darbieten. Denn ganz allgemein ergibt sich, daß als Energiequelle die Kohlenwasserstoffe wichtiger sind als die Kohle und daß sich das Verhältnis noch mehr zugunsten des Erdöls verschieben wird." E.

### Westdeutsches Erdgas

In „Erdöl und Kohle" Jg. 13 (1960), S. 289—290, erschien eine beachtenswerte Darstellung über „Die Stellung des Erdgases in der westdeutschen Energiewirtschaft — heutiger Stand und Entwicklungsmöglichkeiten".

Nach diesem Bericht sind bisher keine authentischen Zahlen über die tatsächliche derzeitige Produktionskapazität der westdeutschen Erdgasfelder bekannt gegeben worden. Aber fest steht, daß

„die Suche nach Erdgas in letzter Zeit immer mehr in den Vordergrund getreten ist. Dabei hat sich gezeigt, daß Erdgas in verschiedenen Gebieten der Bundesrepublik in mehreren Horizonten des Tertiärs und in den dolomitischen Zonen des Zechsteins auftritt. Stärkere Gasanzeichen konnten auch in Speichergesteinen des Karbons nachgewiesen werden, während die Untersuchung der mesozoischen Schichten bisher weniger Erfolg hatte. Im Dolomit des Zechsteins wurden allein im Jahr 1959 vier weitere Gasfunde erzielt, dazu ein Gasfund im Malm. Erstmalig erwies sich auch der Buntsandstein an zwei Stellen erdgasführend. Nach der Entdeckung dieser sieben Gasfelder bzw. -vorkommen standen Ende 1959 in der Bundesrepublik 23 Gasfelder in Produktion; 14 Felder bzw. Fundbohrungen haben die regelmäßige Produktion noch nicht aufgenommen. Auf der Grundlage dieser Vorkommen kann in absehbarer Zeit eine Förderung von 5 Mrd. $Nm^3$ Rohgas erzielt werden, die 10 Mrd. $m^3$ Kokereigas bzw. 75% der gegenwärtigen westdeutschen Gasdarbietung von 14,7 Mrd. $m^3$ entsprechen."

Die Prognose, daß ein weiteres schnelles Steigen des Gasverbrauchs in Westdeutschland zu erwarten sei, stützt sich auf die Lage in den USA,

„wo das Gas im Begriff ist, in der Gunst der Verbraucher das leichte Heizöl zu verdrängen. Von den 1959 errichteten 1375000 Wohnungen wurden nur 213000 mit Ölheizungen, dagegen 760000 mit Gasheizung ausgerüstet. 526000 Ölheizungen wurden auf Gas umgestellt. Für das Jahrzehnt von 1960—1970 wird bei den Gasheizungen ein Zuwachs um 14 Mill., bei den Ölheizungen ein solcher von 2,2 Mill. erwartet. Auch in Europa ist dieser Trend zur noch bequemeren, noch saubereren Heizung unverkennbar."

„Die deutsche Gaswirtschaft beschäftigt sich gegenwärtig intensiv mit den Voraussetzungen für einen verstärkten Erdgaseinsatz, wobei sich das Interesse vorläufig mehr auf deutsches, als auf ausländisches Erdgas konzentriert."

E.

### Indische Erdölvorräte

Die bisher nachgewiesenen Erdölvorräte im Feld Nahortkatiya-Moran in Assam werden auf 28,5 Mill. t geschätzt. Ende Januar 1960 waren von 65 Bohrungen 47 auf Erdöl und 3 auf Erdgas fündig geworden. Die nachgewiesenen Erdgasvorräte betragen fast 1,4 Milliarden $m^3$.

### Erdgasvorkommen bei Schanghai

Das im Tschuansha-Gebiet bei Schanghai in geringer Tiefe lagernde Erdgasvorkommen wird seit 1958 forciert erschlossen. Aus 650 produktiven Bohrungen wird Erdgas gewonnen, das für Antriebs- und Heizzwecke sowie zur chemischen Verarbeitung genutzt wird.

Um einen schnellen Aufschluß zu erreichen, waren 1958 neben 50 Bohrbrigaden 60 Hilfsbrigaden eingesetzt, die aus Mitgliedern von Volkskommunen und Angehörigen von Schulen und Verwaltungen gebildet wurden. ODER

### Ölschiefergas in Brasilien

Sowjetische Fachleute arbeiten ein Projekt aus, um die im Paraiba-Tal auftretenden bituminösen Schiefer zu vergasen. Das Gas soll später durch Fernleitungen nach São Paulo und Rio de Janeiro transportiert werden. Die erste Anlage zur Gasgewinnung in Mombaca soll täglich 2,5 Mill. m³ Gas ausbringen. Noch im laufenden Jahr sollen die ersten Ortschaften mit Schiefergas versorgt werden. E.

### Erdgas bei der Eisenherstellung

Einem Aufsatz von A. H. I. HOUSZ über die Standorte neuzeitlicher Hüttenwerke, der in „Stahl und Eisen", H. 5 v. 3. März 1960 erschien, ist zu entnehmen: „Über das Erdgas könnte eine neue technische Entwicklung beachtenswert werden, nämlich die ‚direkte Reduktion' von Eisenerzen. Entfernte Gebiete, die reich an Erzen und an Erdgasen sind, könnten die Erze an ihrer Fundstelle zu Luppen oder einem anderen Zwischenerzeugnis reduzieren, so daß ein Gut mit beispielsweise rd. 90% Fe über den Ozean zu befördern wäre, anstatt heute mit 50 bis 65% Fe. Dadurch würden dann ganz neue und — wie man sie heute nennt — ‚unterentwickelte' Gebiete Gründungsstätten für die Eisenerzeugung werden. Man sollte sich dann aber auf die primäre Eisenerzeugung beschränken und die weitere Verarbeitung zu Enderzeugnissen in den bisherigen Gebrauchsgegenden belassen. Eine Trennung zwischen primärer Erzreduktion und sekundärer Fertigung des Walzstahls könnte durchaus zweckmäßig sein."

Die unterentwickelten Länder werden kaum nach dem von HOUSZ vorgeschlagenen Rezept verfahren; denn sie sind daran interessiert, im eigenen Land eine Schwerindustrie, d. h. eine bodenständige Eisen- und Stahlindustrie aufzubauen. E.

## Kohle

### Stürmische Entwicklung des Kohlenbergbaus in der Sowjetunion

Einem im „Handelsblatt", Düsseldorf, vom 22. März 1960, erschienenen Aufsatz über „Rationalisierungsmaßnahmen im sowjetischen Kohlenbergbau" ist zu entnehmen: „Die sowjetrussische Kohlenförderung ist durch den Bau zahlreicher neuer Schachtanlagen in den schon früher aufgeschlossenen Kohlenrevieren (insbesondere im Donezbecken), durch den Ausbau und die Modernisierung der bestehenden Gruben und die weitgehende Mechanisierung der Kohlengewinnung, den Aufschluß neuer Lagerstätten, die Anlegung großer Tagebaue usw. in einem für westeuropäische Verhältnisse kaum vorstellbaren Maße gesteigert worden: 1958 = 353 Mill. t Steinkohle und 143 Mill. t Braunkohle, damit wurde die Kohlenförderung der USA (1958 = 383 Mill. t) um mehr als 100 Mill. t überschritten. Nach russischen Berechnungen bringt jede Tonne Förderung aus Tagebauen in den östlichen Gebieten der Union eine Ersparnis von rd. 70 Rubeln gegenüber der Versorgung dieser Gebiete aus dem Donezrevier, die Kapitalaufwendungen je Tonne Förderung Jahreskapazität sollen für die Tagebaue angeblich um 150 Rubel niedriger liegen.

Besondere Bedeutung wird künftig den Kohlenrevieren östlich des Urals (vor allem dem Kusnezk-Becken) beigemessen, hier steht eine vorzügliche Steinkohle unter besonders günstigen geologischen Bedingungen an. Bis zu 2,5 Mrd. t Kohle (davon mehr als 30% Kokskohle) können in diesem Gebiet im Tagebau gewonnen werden. Wenn auch zur Zeit das Donezbecken mit einer Jahresförderung von 168 Mill. t noch die Förderspitze aller Kohlenreviere der Sowjetunion hält, so konnte das Kusnezk-Becken bereits auf den zweiten Platz rücken (Jahresförderung mehr als 70 Mill. t). Es ist geplant, die Gesamtförderung der UdSSR auf rd. 600 Mill. t im Jahre 1965 zu steigern.

Die Ölreserven der Sowjetunion werden zur Zeit auf 6 bis 20 Mrd. t geschätzt, die ergiebigsten Erdgaslagerstätten liegen anscheinend im Kaukasus. Auch in anderen Landesteilen sind große Reserven erschlossen worden, so daß die Gesamtvorkommen an Erdgas von sowjetischen Fachleuten mit 1 Trillion m³ angegeben werden, die mutmaßlichen Reserven sollen nach anderen Schätzungen sogar 20 Trillionen m³ betragen (diese Mengen entsprechen einem Kohlenvorrat von 1,4 bzw. 28 Billionen Tonnen).

Die Mechanisierung in der Gewinnung, im Laden sowie in der Aus- und Vorrichtung, hat auch in den Bergwerksrevieren der Sowjetunion in den letzten zehn Jahren bedeutende Fortschritte aufzuweisen. Bereits Ende 1957 wurden mehr als 37% der insgesamt in der Sowjetunion geförderten Kohle mechanisch geladen. In ca. 1400 Streben arbeiten Gewinnungsmaschinen nach dem Rahmenschrämladerprinzip. Von besonderem Interesse sind die Erfahrungen, die im russischen Bergbau hinsichtlich der Mechanisierung in steiler Lagerung erzielt werden konnten. Heute wird in der Sowjetunion nicht nur an der Neuentwicklung und an der Verbesserung der herkömmlichen Gewinnungsmaschinen für die steile Lagerung gearbeitet, sondern es werden zum Teil auch ganz neue Abbauverfahren entwickelt. Der Schwerpunkt der hydromechanischen Kohlengewinnung liegt zur Zeit im Kusnezk-Becken, wo bereits seit mehreren Jahren in einer Versuchsgrube 700 bis 1000 t Kohle täglich aus flach einfallenden Flözen hydromechanisch gewonnen und gefördert werden." E.

### Technische Neuerungen im chinesischen Kohlenbergbau

Im Nantung-Kohlenrevier ist zur Vermeidung von Explosionen und Grubenbränden ein hydraulisches Vortriebsverfahren eingeführt worden, das zugleich leistungsfähiger als das bisherige mit Abbohren und Schießen ist. In anderen Revieren werden große Anstrengungen zur Mechanisierung der bergmännischen Arbeiten unternommen. Durch Einsatz von Abbauhämmern konnte die Produktivität um das 7- bis 10fache gesteigert werden. Außerdem wurde für kleine Gruben eine Abbaumaschine entwickelt, mit der eine Schichtleistung von 64 t erreicht wird. Für die Abförderung konnte eine neuentwickelte Elektrolok eingesetzt werden.

1959 lag die Förderung der kleinen Kohlengruben bereits über der Gesamtkohlenförderung Chinas von 1949. ODER

## Sonstiges

### Manganerzsuche auf dem Meeresgrund

Vor der Westküste Mittelamerikas haben sowjetische Ozeanographen kleine Mangankonkretionen mit hohem Kobaltgehalt entdeckt, die stellenweise den Meeresboden fast völlig bedecken.

Im Februar 1960 hat das amerikanische Forschungsschiff „Explorer" mit weiteren Sucharbeiten begonnen. An Bord ist ein elektrisches Laboratorium mit einer Tiefseekamera, mit der der Meeresboden vor der Westküste fotografiert werden soll. Hinter der „Explorer" wird ein Magnetometer geschleppt werden, das von San Diego bis Norfolk erdmagnetische Messungen durchführt. E.

### Schwefelproduktion in den USA

Die Schwefelproduktion in den USA war 1959 mit ca. 6225000 long tons etwas höher als im Jahre 1958 (6140000 long tons). Von dieser Gesamtproduktion entfielen auf Rohschwefel, der durch den Frasch-Heißwasser-Prozeß aus den Salzdomvorkommen entlang der Küste von Louisiana und Texas gewonnen wurde, ca. 4525000 long tons. 740000 long tons waren Rohschwefel aus Raffineriegasen und Erdgas, 450000 long tons entfielen auf in Pyrit enthaltenem Schwefel, und 510000 long tons waren Schwefel aus anderen Vorkommen. E.

### Wärmestromerzeugung Frankreichs 1958/59, aufgegliedert nach Brennstoffen

| Brennstoff | Wärmestromerzeugung 1958 Mill. kWh | 1958 in % | 1959 Mill. kWh | 1959 in % |
|---|---|---|---|---|
| 1. Steinkohle davon: | | | | |
| Marktkohle | 12900 | 43,6 | 14700 | 46,0 |
| Mittelprodukte | 9800 | 33,1 | 9000 | 28,1 |
| 2. Braunkohle | 250 | 0,8 | 200 | 0,6 |
| 3. Heizöl | 2670 | 9,0 | 2600 | 8,1 |
| 4. Erdgas aus Lacq | 80 | 0,3 | 1360 | 4,3 |
| 5. Hochofengas | 3900 | 13,2 | 4100 | 12,8 |
| 6. Kernenergie | — | — | 40 | 0,1 |
| Zusammen | 29600 | 100,0 | 32000 | 100,0 |

(Nach „Glückauf", H. 10, vom 7. 5. 1960)

**Sibirische Wasserkraftreserven**

Auf 340 Mill. kW schätzen sibirische Wissenschaftler die Wasserkraftreserven der sibirischen Flüsse. Das wären 12% aller Wasserkraftreserven der Welt. Es wurden bereits vorläufige Pläne für die wirksamste Nutzung der Energie der fünf größten Ströme Sibiriens — Jenissei, Angara, Ob Irtysch und Lena — ausgearbeitet.

An jedem der fünf Ströme soll eine Kraftwerkskaskade errichtet werden. Am Jenissei sollen neben dem im Bau befindlichen Kraftwerk von Krasnojarsk noch drei Riesenkraftwerke entstehen. An der Angara werden zu den Kraftwerken von Bratsk und Irkutsk noch vier weitere hinzukommen. Zehn Wasserkraftwerke können am Ob errichtet werden. Am längsten wird die Kaskade am Irtysch sein, wo die Standorte für 16 Großkraftwerke mit einer Gesamtleistung von etwa 20 Mrd. Kilowattstunden im Jahr ausgewählt wurden. In der sibirischen Abteilung der Akademie der Wissenschaften der UdSSR arbeiten Spezialisten jetzt an dem Problem der Stromübertragung über 2000 bis 3000 km. E.

**Wasserverluste des Kaspischen Meeres**

Um das weitere Sinken des Wasserspiegels des Kaspischen Meeres aufzuhalten, wurde bereits vor einigen Jahren der Vorschlag gemacht, das Wasser der Petschora und der Wytschegda in die Kama und die Wolga umzuleiten. Damit könnten dem Kaspischen Meer jährlich 40 Kubikkilometer Wasser zugeführt werden. Um jedoch die Wasserverluste des Kaspischen Meeres völlig auszugleichen, sind jährlich etwa 200 bis 250 Kubikkilometer Wasser erforderlich. Es wurde deshalb ein Plan ausgearbeitet, nach dem das Kaspische Meer durch einen Schiffahrtsweg mit dem Schwarzen Meer verbunden werden soll. Der Höhenunterschied zwischen den Wasserspiegeln der beiden Meere würde das Abfließen der erforderlichen Wassermengen bewirken, jedoch müßte der Salzgehalt des Wassers des Schwarzen Meeres durch entsprechende elektrische Anlagen erheblich verringert werden. E.

**Detektor für die Berylliumerz-Prospektion**

Im „Engineering and Mining Journal", Vol. 161 (1960), Nr. 3, S. 104, wird über einen tragbaren Detektor (Beryllometer) berichtet, dessen Arbeitsprinzip darauf beruht, daß Gammastrahlen gewöhnliches Beryllium ($^{9}$Be) in $^{8}$Be umwandeln und es befähigen, Neutronen abzugeben.

Das neue Gerät besteht aus einem Zylinder von 8 · 13 in. (203,2 · 330,2 mm) mit einem ungefähren Gewicht von 25 lb. (~11,3 kg) einschließlich Bleischutzschirm, der an der Unterseite des Detektors — wie aus der Abbildung ersichtlich ist — eine Gammastrahlenquelle (80 Millicurie $^{124}$Sb) enthält. Die mit Hilfe der Gammastrahlen aus dem Beryllium frei gewordenen Neutronen durchdringen im Beryllometer zunächst eine 1/2 in. (12,7 mm) dicke Wachsschicht, in der ihre Geschwindigkeit verlangsamt wird, und gelangen dann auf den Phosphoreszenzschirm (boron-enriched polyester-zincsulphide fluorescent screen). Hier erzeugen sie starke Lichtblitze, die durch einen Photoelektronen-Vervielfacher in meßbare Stromimpulse umgewandelt werden. Der verwandte Szintillationszähler spricht speziell auf Neutronen an, während Gammastrahlen unterdrückt werden. Die Gammastrahleneffekte werden meist vollständig ausgeschaltet, da ein Diskriminator eine Korrektur auf die maximale Wirkung der Gammastrahlenquelle ($^{124}$Sb hat 60 Tage Halbwertszeit) gestattet. Der Bleischutzschirm mit der Gammastrahlenquelle ist abnehmbar und kann nach der Benutzung des Instruments in einem Bleibehälter aufbewahrt werden.

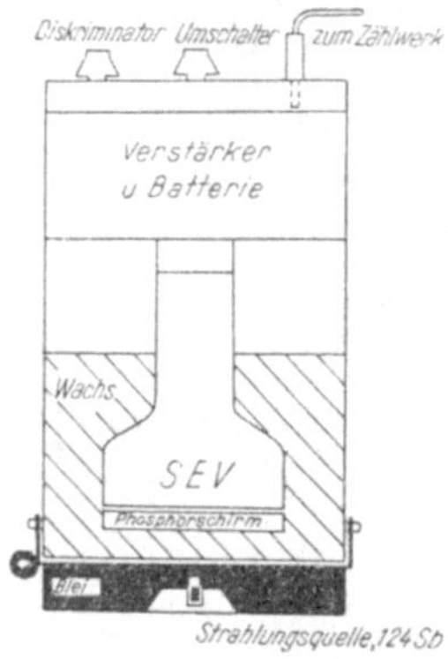


Bevor man mit den Messungen beginnt, ist der Gammastrahlenuntergrund in einem berylliumfreien Raum zu bestimmen. Die Untergrundimpulse variieren zwischen 5 bis 25 Imp./min und sind von der Stärke der Gammastrahlenquelle, der Diskriminatorstellung und der Temperatur abhängig. In dieser berylliumfreien Zone wird nun eine 0,5%ige Standardprobe unter das Instrument bei einer Meßdauer von 1—2 min gebracht.

Die Vorteile des Detektors bestehen darin, daß er sofort eine grobe Feldanalyse liefert, nur auf Beryllium anspricht und imstande ist, das Nichtvorhandensein von Beryllium zu prüfen, das eventuell irrtümlicherweise durch eine andere Untersuchungsmethode angezeigt wurde.

Die Geologen Louis und Pauline Moyd verwandten niemals länger als 15 sec auf jeden im Gelände mit dem Beryllometer zu messenden Punkt, wenn die Ablesung sich nicht über dem Gammastrahlenuntergrund erhob. Bei höheren Zählraten hingegen entnahmen sie Proben und führten Messungen von 5 min Dauer durch.

Nach der Meinung der vorgenannten Geologen könnte das Beryllometer ein spezielles Erkundungsgerät auf Beryllium werden, wie es der Geigerzähler für Uran bereits darstellt.

H. Fuchs

# Kurznachrichten

Von sowjetischen Geologen wurde bei Kamba (Bombay) eine neue **Erdöllagerstätte** und bei Djaralamka (Pandschab) ein neues **Erdgas**vorkommen erkundet. Die ursprünglich vorgesehenen Erkundungskosten konnten auf 16% des **indischen** Voranschlages reduziert werden, da der erwartete Erfolg bereits durch 3 Sonden erreicht werden konnte.

Bei der **sibirischen** Stadt Tjumen fördert die erste produktive Sonde des Gebietes in der Tiefebene des Flusses Konda 25—30 tato **Rohöl**.

40 km östlich von Dakar (**Maliföderation**) wurde die Bohrung Bambilor 1 mit 125000 m³ **Erdgas** und einigen tato Kondensat fündig. Sie liegt 2 km nördlich der im Januar fündig gewordenen Sonde Diam Niafe 1.

Aus 1000 m Teufe fördert bei Produktionsversuchen eine Erkundungssonde in der **argentinischen** Provinz Rio Negro nahe der Grenze zur Provinz La Pampa 100 m³ **Rohöl** je Tag.

Bei Arzeu, unweit Oran in NW-**Algerien**, wird eine Methanverflüssigungsanlage errichtet, in der **Gas** von Hassi R'Mel verflüssigt und nach Europa transportiert werden soll.

Drei Sonden südlich von Ceuta an der Maracaibo-Bucht (**Venezuela**) erschlossen ein 335 m mächtiges **Speichergestein**. Die Ergiebigkeit soll an die Lagerstätten von Kuwait erinnern.

In Rimbey (Alberta), 80 km südlich von Edmonton, wird die größte **kanadische Erdgasaufbereitung** gebaut, die bei einer Durchsatzkapazität von 9,3 Mill. m³ täglich 7,9 Mill. m³ Methan, 310 m³ Propan, 445 m³ Butan, 170 t Gasbenzin und 260 t Schwefel ausbringen wird.

Von der Maschinenfabrik in Lanchou/**China** wurde eine schwere **Erdölbohranlage** mit einer Teufenkapazität von 3000 m entwickelt. Die Erprobung der Anlage ist bereits abgeschlossen.

Der Schacht „Konrad" hat in etwa 1200 m Teufe die erwartete **Eisenerzlagerstätte** angefahren. Es ist eine Tagesförderung von 5000 t projektiert, die die Erzbasis der Eisen- und Hüttenwerke in **Salzgitter** bedeutend erweitern wird.

Um den Abbau der **Eisenerze** von Fort Gourand in **Mauretanien**, die an der Oberfläche anstehenden Erze wurden auf 115 Mill. t mit 63% Fe berechnet, aufnehmen zu können, wird eine 675 km lange Eisenbahnlinie nach Port Etienne gebaut.

Das **Hüttenwerk Karaganda**, Kasachische SSR, wird noch im laufenden Jahr die Produktion aufnehmen. Es wird nach dem Magnitogorsker Hüttenkombinat das zweitgrößte der UdSSR und gehört zur dritten Eisen- und Stahlbasis neben den Kombinaten in Kusnezk und Taischet (Ostsibirien).

Die **französische Eisenerzförderung** ist 1959 um etwa 2,5% auf fast 61 Mill. t (davon wurden über 57 Mill. t in Lothringen gewonnen) gestiegen.

Herausgeber: Staatliche Geologische Kommission und Zentrale Vorratskommission für mineralische Rohstoffe der Deutschen Demokratischen Republik. Chefredakteur: Prof. Dr. Erich Lange, Berlin. Redaktion: Berlin N 4, Invalidenstraße 44. Verlag: Akademie-Verlag GmbH, Berlin W 1, Leipziger Straße 3–4 (Fernsprecher 220441, Postscheckkonto: Berlin 35021). Bestellnummer des Heftes 1047/6/10. Die „Zeitschrift für angewandte Geologie" erscheint monatlich. Bezugspreis 2,— DM je Heft. — Satz und Druck: Druckhaus „Maxim Gorki", Altenburg. Veröffentlicht unter der Lizenznummer ZLN 5008 des Ministeriums für Kultur, Hauptverwaltung Verlagswesen. Karten: MdI der DDR Nr. 5810, 5889/K 11.
Printed in Germany

FSC
www.fsc.org
MIX
Papier | Fördert gute Waldnutzung
FSC® C083411

Zeitfracht Medien GmbH
Ferdinand-Jühlke-Straße 7
99095 Erfurt, Deutschland
produktsicherheit@kolibri360.de